Bayesian Methods for Hackers
Probabilistic Programming and Bayesian Inference

Pythonで体験するベイズ推論

PyMCによるMCMC入門

キャメロン・デビッドソン＝ピロン [著] ／ 玉木 徹 [訳]
Cameron Davidson-Pilon / Toru Tamaki

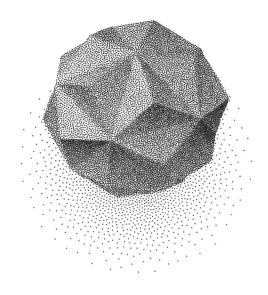

森北出版

Authorized translation from the English language edition,
entitled BAYESIAN METHODS FOR HACKERS:
PROBABILISTIC PROGRAMMING AND BAYESIAN INFERENCE,
1st edition, by DAVIDSON-PILON, CAMERON, published by
Pearson Education, Inc, publishing as Addison-Wesley Professional,
Copyright © 2016. Cameron Davidson-Pilon.

All rights reserved. No Part of this book may be reproduced or
transmitted in any form or by any means, electronic or mechanical,
including photocopying, recording or by any information storage
retrieval system, without permission from Pearson Education, Inc.

JAPANESE language edition published by
MORIKITA PUBLISHING CO., LTD., Copyright © 2017.

JAPANESE translation rights arranged with
PEARSON EDUCATION, INC.
through JAPAN UNI AGENCY, INC., TOKYO, JAPAN

●本書のサポート情報を当社Webサイトに掲載する場合があります．下記のURLにアクセスし，サポートの案内をご覧ください．

　　　　　　　http://www.morikita.co.jp/support/

●本書の内容に関するご質問は，森北出版 出版部「（書名を明記）」係宛に書面にて，もしくは下記のe-mailアドレスまでお願いします．なお，電話でのご質問には応じかねますので，あらかじめご了承ください．

　　　　　　　editor@morikita.co.jp

●本書により得られた情報の使用から生じるいかなる損害についても，当社および本書の著者は責任を負わないものとします．

■本書に記載している製品名，商標および登録商標は，各権利者に帰属します．

■本書を無断で複写複製（電子化を含む）することは，著作権法上での例外を除き，禁じられています．複写される場合は，そのつど事前に（社）出版者著作権管理機構（電話 03-3513-6969, FAX 03-3513-6979, e-mail：info@jcopy.or.jp）の許諾を得てください．また本書を代行業者等の第三者に依頼してスキャンやデジタル化することは，たとえ個人や家庭内での利用であっても一切認められておりません．

巻頭言

　ベイズ手法は現代のデータサイエンティストのツールの一つである．予測，分類，スパムフィルタ，ランク付け，推論，その他多くの問題を解決することができる．しかしベイズ統計と推論についての資料の多くは，数学的な詳細を記述してはいるものの，実際にエンジニアはどうしたらよいかについてはほとんど触れていない．本書のようなエンジニアをターゲットにしたベイズ手法の入門書は，私が待ち望んでいたものである．

　このトピックに関する著者キャメロンの知識は豊富で，彼は本書で実際の例題に適用しようと試みている．そのために本書は，データサイエンティストやプログラマーがベイズ手法を学ぶための良い入門書になっている．本書には例題がたくさんある．図も，Python コードも豊富なので，実際の問題にすぐに取り掛かることができる．もしあなたがデータサイエンスやベイズ手法の初心者で，Python を使ってデータサイエンスを始めたいと思っているなら，本書は良いスタートになるだろう．

　　　　　　　　　　　—*Paul Dix*（Addison-Wesley Data & Analytics シリーズ編者）

はじめに

——本書を大切な人たちに捧げる．両親，兄弟，親友たちへ．そして，知らず知らずのうちに我々が日々使っているプロダクトを生み出している，オープンソースコミュニティへ．

　ベイズ手法（Bayesian method）は推論のための自然なアプローチである．しかしそれは，読み進めるのに骨が折れる難解な数学的解析によって，近づきがたいものになっている．ベイズ推論の典型的な教科書では，確率の基礎理論を3章ほど説明した後に，やっとベイズ推論とは何かという説明が始まる．残念ながら，ほとんどのベイズモデルは数学的に手に負えないので，読者は人為的で単純な例題しか目にすることがない．これでは「で，結局ベイズって何？」と思うのも無理はない．実際，これが私の最初の感想だった．

　機械学習コンテストにベイズ手法を適用して成功したのを機に，私はこのテーマに再び戻ることにした．ところが私の数学的知識でも，例題を読み，断片をつなぎ合わせて手法を理解するまでにまるまる3日もかかった．理論と実践とを橋渡ししてくれるような資料や文献が十分にないのだ．私にとっての問題は，ベイズ手法の数学が確率的プログラミングに結びつかなかったことだった．同じ轍を読者に踏ませるわけにはいかない．本書の目的は，このギャップを埋めることである．

　数学的解析は，ベイズ推論の理解という目的地に向かう一つの道ではある．しかしコンピュータリソースが安くなった現代においては，確率的プログラミングという別の道がある．この道が便利なのは，各ステップで数学が介入してこないことである．つまり，ベイズ推論につきまとう手に負えない数学的解析が不要なのだ．コンピュータを使う道は，最初から最後まで小さな歩幅で少しずつ進んでいく．一方数学の道はものすごい跳躍によって進行し，着地した場所は目的地から結構離れていることも多々ある．さらに，強力な数学的知識がなければ，そもそも数学の道で必要になる解析ができない．

　本書（原題"Bayesian Methods for Hackers"）はベイズ推論の入門書だが，コンピュータで実践し理解することを第一目標にして，数学は二の次にした．もちろん入門書なので，入門書なりの内容しか取り上げていない．数学が得意な人は，本書を読んで興味をもったことについて，数学的な解析を扱った他の書籍を読んで調べてほしい．数学にそれほど通じていない人，数学には興味はないがベイズ手法を適用してみたい人は，本書で十分役に立つし，楽しめるだろう．

　確率的プログラミングの言語に PyMC を選んだ理由は二つある．一つ目は，本書を

執筆している段階で，PyMC についての例題や説明がそれほど多くないからだ．公式ドキュメントはあるが，ベイズ推論と確率的プログラミングについての知識を前提としている．本書は，PyMC を使ってみたいすべてのユーザー向けのものである．二つ目は，Python は開発のペースが速く，また科学計算にも広く普及しているので，PyMC は標準ライブラリとして採用されそうだからである．

PyMC はいくつかのライブラリ（Numpy や Scipy など）に依存しており，実行にはそれらが必要である．本書の例題を実行するには，PyMC, NumPy, SciPy, Matplotlib があればよい．

本章の構成は次のようになっている．第 1 章でベイズ推論を紹介し，他の推論手法と比較する．ここではまた，本書で初めてのベイズモデルを構築する．第 2 章では PyMC を使ったモデル構築方法を，例題を使って説明する．第 3 章では，推論計算の強力なアルゴリズムであるマルコフ連鎖モンテカルロ法（MCMC）を紹介する．そしてベイズモデルをデバッグする方法についても述べる．第 4 章では，推論におけるサンプルサイズという問題に立ち寄って，なぜサンプルサイズがそれほど重要なのかを説明する．第 5 章では，損失関数という強力な考え方を説明する．この関数は，推論を実世界の問題と結びつける役割を果たす．第 6 章では，ベイズ手法における事前分布について考え直し，良い事前分布を選ぶためのノウハウを説明する．第 7 章ではベイズ推論をどのように A/B テストに使うのかを示す．

本書で使用したデータはすべて github 上で入手できる◆1．

謝辞

本書にかかわった多くの方々に感謝したい．何よりも最初に，本書のオンラインバージョンに貢献してくれた方々に感謝する．多くの人達の貢献（コード，アイデア，テキスト）により，本書が完成した．また，本書のレビューをしてくれた Robert Mauriello と Tobi Bosede に感謝する．彼らは多くの時間を費やして，難しい抽象的な部分を削ぎ落とし，より楽しく読める内容だけをより分けてくれた．最後に，すべての段階で執筆をサポートしてくれた友人と同僚に感謝する．

◆1 https://github.com/CamDavidsonPilon/Probabilistic-Programming-and-Bayesian-Methods-for-Hackers （短縮 URL https://git.io/vXLAU）

訳者まえがき

　本書はPythonのMCMCライブラリPyMCを用いて，豊富な例題でベイズ推論を実践するスタイルの，ベイズ入門書である．IPython NotebookとNumpy arrayを使ったことのある読者を対象に，数式は最低限に控えて，できるだけベイズ推論のコンセプトを伝えることを目標にしている．

　著者は2013年から本書のIPython Notebook版をgithubに公開し，コミュニティベースで本書をつくり上げてきた．2015年に書籍版が発行されてからも，githubでは更新が続いている．

　翻訳版は，基本的に書籍版をベースにして翻訳を行い，最新のgithub版を参考にして多少の変更を加えた．

- Python3対応：書籍版のコードはPython2ベースだったが，github版を参考にすべてPython3ベースに修正した．また，入力セル部分を網掛けにしてわかりやすくし，必要に応じてコメントやコードを追加した．

- PyMC2対応：書籍版のコードもPyMC2である．PyMC3は現在も開発途中であり（2016年12月末で最新バージョンは3.0RC4）[◆1,2]，安定な動作が保証されているPyMC2を翻訳版でもそのまま採用した．本書のgithub版にはPyMC3バージョンもあるので，興味のある読者はそちらを参照してもらいたい．

- ダウンロードが必要なファイルにはURLを追加：書籍版はgithub版のIPython Notebook（Jupyter Notebook）をもとにしているが，github版はcloneして（ダウンロードして）すべてのファイルが手元にあることを想定して書かれている．そのため，書籍版のコードを入力するだけでは必要なスクリプトやデータファイルが得られないことになる．そこで翻訳版ではファイルをurllibでダウンロードする簡単なコードを必要に応じて追加してある（長いURLにはgit.ioの短縮URLを併記）．

　コードの動作確認は以下のバージョンで行った．

[◆1] https://github.com/pymc-devs/pymc

[◆2] 訳注：本書の校正中の2017年1月，3.0版が正式にリリースされた．しかしドキュメントはあいかわらず未整備のままである．PyMC3とPyMC2はコードの書き方が大きく異なっているが，本書でPyMC2の使い方を理解すれば，PyMC3のコードを書く手助けになるだろう．

- python 3.6.0
- ipython 5.2.2
- jupyter-notebook 4.3.0
- pymc 2.6.3
- numpy 1.11.3
- scipy 0.18.1
- matplotlib 2.0.0
- praw 3.6.0

このなかで，第 4 章で必要となるスクリプト中で使われている praw（Python Reddit API Wrapper）のバージョン 3.6.0（4.1.0 以降は本書のコードが対応していない）は一般的なモジュールではないので，必要に応じてインストールしてほしい（たとえば pip install praw==3.6.0 とする）．

本書では，IPython Notebook のインストール方法など，実行環境についての説明を簡単に行っている（xi ページ）．そこで説明するように，おすすめは Windows・Mac・Linux 版のある Python 環境 Anaconda を利用することである．これは https://www.continuum.io から無料で入手できる．またDocker をご存じの方ならば，Anaconda の Docker ドキュメント[1]を見ていただければ，すぐに環境構築ができると思われる．

本書の出版に際して，森北出版出版部の丸山隆一氏と宮地亮介氏には翻訳の機会を頂き，大変お世話になった．ここに感謝する．

2017 年 3 月

玉木　徹

---

[1] https://www.continuum.io/blog/developer-blog/anaconda-and-docker-better-together-reproducible-data-science

目次

第1章　ベイズ推論の考え方 ——————————————— 1

1.1　はじめに　1
　　1.1.1　ベイズ的な考え方　1
　　1.1.2　ベイズ推論の実践　4
　　1.1.3　頻度主義は間違っているのか？　5
　　1.1.4　「ビッグデータ」について　6

1.2　ベイズ推論の枠組み　6
　　1.2.1　例題：誰もが一度は通る「コイン投げ」問題　6
　　1.2.2　例題：司書か農家か？　8

1.3　確率分布　10
　　1.3.1　離散の場合　11
　　1.3.2　連続の場合　13
　　1.3.3　ところで λ って何？　14

1.4　コンピュータにベイズ推論をさせるには　14
　　1.4.1　例題：メッセージ数に変化はあるか？　15
　　1.4.2　必殺の一撃：PyMC　18
　　1.4.3　解釈　22
　　1.4.4　事後分布からサンプリングすると何が嬉しいの？　22

1.5　おわりに　25

付録　25
　　実際に二つの λ は統計的に異なっているのか？　25
　　二つの変化点への拡張　26

演習問題　30

第2章　PyMCについてもう少し ——————————————— 34

2.1　はじめに　34
　　2.1.1　親子関係　34
　　2.1.2　PyMC変数　35
　　2.1.3　モデルに観測を組み込む　40
　　2.1.4　最後に　41

2.2　モデリングのアプローチ　41

    2.2.1　同じ物語，異なる結末　43
    2.2.2　例題：ベイズ的 A/B テスト　46
    2.2.3　単純な場合　47
    2.2.4　A と B を一緒に　50
    2.2.5　例題：嘘に対抗するアルゴリズム　55
    2.2.6　二項分布　55
    2.2.7　例題：カンニングをした学生の割合　57
    2.2.8　もう一つの PyMC モデル　61
    2.2.9　PyMC の使い方をもう少し　63
    2.2.10　例題：スペースシャトル「チャレンジャー号」の悲劇　63
    2.2.11　正規分布　67
    2.2.12　チャレンジャー号の悲劇の日に何が起こった？　73
  2.3　このモデルは適切か？　74
    2.3.1　セパレーションプロット　77
  2.4　おわりに　82
  付録　82
  演習問題　83

第 3 章　MCMC のなかをのぞいてみよう ── 85

  3.1　山あり谷あり，分布の地形　85
    3.1.1　MCMC で地形を探索する　91
    3.1.2　MCMC を実行するアルゴリズム　93
    3.1.3　事後分布を近似する他の方法　93
    3.1.4　例題：混合モデルの教師なしクラスタリング　94
    3.1.5　事後サンプルを混ぜないで　105
    3.1.6　MAP を使って収束を改善　108
  3.2　収束性の解析　110
    3.2.1　自己相関　110
    3.2.2　間引き処理　113
    3.2.3　`pymc.Matplot.plot()`　114
  3.3　MCMC の使い方のヒント　116
    3.3.1　良い初期値から始める　116
    3.3.2　事前分布　117
    3.3.3　MCMC についての経験則　117
  3.4　おわりに　117

第4章　偉大な定理，登場 —————————————————— 118

- 4.1　はじめに　118
- 4.2　大数の法則　118
  - 4.2.1　直感的には　119
  - 4.2.2　例題：ポアソン分布に従う確率変数の収束　119
  - 4.2.3　Var(Z) をどうやって計算する？　123
  - 4.2.4　期待値と確率　123
  - 4.2.5　つまりベイズ統計と何の関係があるのか？　124
- 4.3　サンプルサイズが小さいという災い　125
  - 4.3.1　例題：集約されたデータの扱い　125
  - 4.3.2　例題：Kaggle のアメリカ国勢調査回答率コンテスト　127
  - 4.3.3　例題：Reddit コメントをソートする　129
  - 4.3.4　ソート！　135
  - 4.3.5　でも計算が遅すぎる！　137
  - 4.3.6　評価システムへの拡張　140
- 4.4　おわりに　141

付録　141
　　コメントをソートする公式の導出　141

演習問題　142

第5章　損失はおいくら？ —————————————————— 144

- 5.1　はじめに　144
- 5.2　損失関数　144
  - 5.2.1　実世界の損失関数　147
  - 5.2.2　例題：テレビ番組 "The Price Is Right" の最適化　148
- 5.3　ベイズ手法を用いた機械学習　157
  - 5.3.1　例題：株価の予測　157
  - 5.3.2　例題：Kaggle コンテスト「ダークマターの観測」　163
  - 5.3.3　観測データ　164
  - 5.3.4　事前分布　166
  - 5.3.5　PyMC で実装する　167
- 5.4　おわりに　176

第6章　事前分布をハッキリさせよう —————————————————— 177

- 6.1　はじめに　177

- 6.2 主観的な事前分布と客観的な事前分布　177
  - 6.2.1 客観的な事前分布　177
  - 6.2.2 主観的な事前分布　178
  - 6.2.3 意思決定につぐ意思決定　179
  - 6.2.4 経験ベイズ　181
- 6.3 知っておくべき事前分布　182
  - 6.3.1 ガンマ分布　182
  - 6.3.2 ウィシャート分布　183
  - 6.3.3 ベータ分布　184
- 6.4 例題：ベイズ多腕バンディット　186
  - 6.4.1 応用　187
  - 6.4.2 解法　187
  - 6.4.3 良さを測る　192
  - 6.4.4 アルゴリズムの拡張　196
- 6.5 その分野の専門家から事前分布を引き出す　199
  - 6.5.1 ルーレット法　200
  - 6.5.2 例題：株売買の収益　201
  - 6.5.3 上級者向け：ウィシャート分布のノウハウ　210
- 6.6 共役事前分布　210
- 6.7 Jeffreys 事前分布　211
- 6.8 N が大きくなったときの事前分布の影響　213
- 6.9 おわりに　216
- 付録　216
  - 罰則付き線形回帰のベイズ的な見方　216
  - 事前確率が 0 の場合　218

第 7 章　ベイズ A/B テスト　221

- 7.1 はじめに　221
- 7.2 コンバージョンテストの復習　221
- 7.3 線形損失関数の追加　224
  - 7.3.1 期待収益の解析　225
  - 7.3.2 A/B テストへと拡張する　228
- 7.4 コンバージョン以上の情報を得るために：t 検定　231
  - 7.4.1 t 検定の手順　231
- 7.5 増加量の推定　235
  - 7.5.1 それでも点推定が必要なときは　238

7.6 おわりに 240

用語集 — 241
欧文索引 — 244
和文索引 — 247

環境設定

本書で使用する PyMC2 と IPython Notebook（Jupyter Notebook）のおすすめのインストール方法は，Windows・Mac・Linux 版のある Python 環境 Anaconda を利用することである．

- https://www.continuum.io/downloads から，Anaconda をダウンロードする．本書では Python3 を使用しているので，Python3 バージョンの Anaconda をダウンロードする（2017 年 2 月時点の最新版は，Anaconda バージョン 4.3.0，Python3.6 バージョン）．
- 上記ウェブページの手順に沿ってインストールする．
    1. インストールされた conda コマンドを使って，各種モジュールをアップデートし，PyMC をインストールする．
    2. Windows であればコマンドプロンプトを，Mac と Linux であればターミナルを開く．次のコマンドを入力して，各種モジュールをアップデートする．

        ```
        conda update conda
        conda update --all
        ```

- 続いて次のコマンドを入力して，PyMC をインストールする．

    ```
    conda install pymc
    ```

以上で Anaconda で PyMC がインストールできたので，Jupyter Notebook を起動して PyMC を確認しておく．

- Windows と Mac では "Anaconda Navigator" がインストールされているので，それを起動し，そこから Jupyter Notebook を起動する．
    – Linux なら（もしくは Mac でも），ターミナルから次のコマンドを入力して起動する．

    ```
    jupyter-notebook
    ```

- Jupyter Notebook で新規 IPython Notebook ファイル（*.ipynb）を作成し，

    ```
    import pymc
    ```

を実行してエラーが出なければインストールされている．

本書の使い方

本書のコードは IPython Notebook（Jupyter Notebook）で実行することを想定している．各章が一つの IPython Notebook ファイル（*.ipynb）に対応している．

- github 版をダウンロードして実行
    1. git で clone

       git clone https://github.com/CamDavidsonPilon/Probabilistic-Programming-and-Bayesian-Methods-for-Hackers.git
    2. もしくは zip ファイルをダウンロードし，展開

       https://github.com/CamDavidsonPilon/Probabilistic-Programming-and-Bayesian-Methods-for-Hackers/archive/master.zip
    3. jupyter-notebook を実行
    4. ダウンロードした chapter01.ipynb〜chapter06.ipynb を notebook 上で実行
       注意点：
       – 第 7 章は github 版にはない
       – 本書のコードは github 版とは多少異なる
- 本書のコードを入力
    1. それぞれの章に一つずつ IPython Notebook ファイル（*.ipynb）を作成
    2. 章の先頭から単一の ipynb ファイルに入力，実行していく
    3. 章が変わったら別の ipynb ファイルに変える
       注意点：
       – github 版にあるファイルのダウンロードが必要（ネットに接続し，urllib でダウンロードするコードを実行）

なお MCMC は乱数を使用しているので，実行しても本書とまったく同じ図や結果は得られないことに注意してほしい．

表記上の注意

網掛けの枠中のコードは IPython Notebook 上でセルに入力する内容である．

例：

```
import pymc as pm
import numpy as np
```

網掛けのないコードは，入力する必要のない説明用のコードである．

例：

```
dummy = "this is a test code"
print(dummy)
```

1

ベイズ推論の考え方
The Philosophy of Bayesian Inference

1.1 はじめに

あなたは優秀なプログラマーだ．しかし，誰が書いたコードにもバグはある．実装するのが非常に難しいアルゴリズムのコードをなんとか書いた後，そのコードが正しいかどうかを簡単な例題でテストしようと考えた．1回目．OK，テストにパスした．次にもっと難しい問題でコードをテストした．今度もパスした．そして，もっと難しい問題ですら，パスした！　だからあなたは，このコードにはバグはないだろうと思い始めてしまった…．

もしこのように考えたことがあるのなら，おめでとう！あなたはベイジアン（Bayesian），つまりベイズ的に考える人，の仲間入りだ．ベイズ推論（Bayesian inference）とは，新しい証拠が得られるたびに自分の考えを改めるというものである．ベイズ的に考える人は，ある結果が必ず起こるとは考えず，非常に起こりやすいと考えるのである．上の例のように，普通は，プログラムに100％まったくバグがないとは考えない．ないと言い切るには，実際にはありえないような問題も含めて，すべての問題をテストしなければならないだろう．その代わりに，たくさんの問題に対してテストして，それらすべてにパスしたら，プログラムにバグは「たぶんないだろう」と思うのである．しかし「まったくない」とは言い切れない．ベイズ推論も同じである．結果が得られたら信念を更新する．すべての可能な場合をチェックしなければ「絶対に」とは言えないのである．

1.1.1 ベイズ的な考え方

ベイズ推論が伝統的な統計的推論と異なるのは，「不確実」なものは不確実なままに

するという点である．一見して，これはダメな統計的手法だと思うかもしれない．統計とはランダムな現象から「確実」なものを見つけるはずなのでは？ これを理解するには，ベイズ的に考えることが必要になる．

　ベイズ的な考え方，つまりベイズ主義（ベイジアン，Bayesian）では，確率を「ある出来事がどのくらい信頼できるか」を表す指標と解釈する．つまり，ある事象が生じるということをどのくらい確かだと思っているのか，を表すものと考える．すぐ後で見るように，実際にこれが確率を解釈する自然な方法なのである．

　この解釈をもっとわかりやすくするために，確率のもう一つの解釈を考えてみよう．それは「頻度主義」（Frequentist）という，より古典的な統計学である．頻度主義では，確率を「長期間における事象（イベント）の頻度」とみなす（だから「頻度主義」という名前で呼ばれている）．たとえば，飛行機事故の確率を頻度主義で考えれば，「長期間における飛行機事故の頻度」になる．この考え方は，多くの場合，事象の確率としては意味がある．しかし長期間にわたってそれほど事象が発生しない場合には，理解することが難しくなる．たとえば，ある大統領選挙の当選確率を計算しようとしても，その選挙は1回きりしか行われないではないか！ 頻度主義でこの問題を避けるには，ほかのすべての選挙も考慮して，これらの発生する頻度で確率を定義することになる．

　一方のベイズ主義では，もっと直感的に考える．ベイズ主義では，確率を，ある事象が発生する信念（belief）もしくは確信（confidence）の度合いとみなす．つまり，確率とは思っていることを要約したものであると考えるのだ．ある人がある事象が発生するとはまったく信じていないとき，その事象には0の信念を割り当てる．反対に，ある事象に対する信念が1の場合，その事象が必ず発生すると考えていることになる．信念を0から1の実数値で表せば，それを使って他の結果に重みを付けることができる．この定義を使えば，飛行機事故の確率の例をうまく表現することができる．飛行機事故の頻度が得られたときに，他の情報が何もなければ，ベイズ主義における信念は頻度主義における確率に一致するべきだろう．同様に，確率が信念であるという定義を使えば，大統領選挙の当選確率（信念）にも意味がある．つまり，ある候補者Aが当選することをどのくらい確信しているのか，を表しているのである．

　上の文章では，一般的な信念（確率）ではなく，「ある個人の」信念（確率）というものを説明していたことに注意してほしい．これが面白いのは，人によって信念が違うということを定義が許している点である．この状況は，日常生活でもよく見かける．つまり，この世界についてもっている情報は人それぞれ違うので，ある人の信念は別の人の信念とは違うのである．信念が違っているということは，「誰かが間違っている」ということではない．以下の例で，各個人がもっている信念と確率との関係を考えてみよう．

1. 私がコインを投げて，表が出るか裏が出るか，私とあなたが賭けている．イカサマのコインではなく，表が出る確率は 1/2 であることに，私もあなたも同意している．ここで，私だけがコイン投げの結果を覗き見たとしよう．そうすると私にとっては，表か裏の確率のどちらかが 1.0 になる．では，「コインが表である」についての「あなたの信念」はどうだろう？　私がコイン投げの結果を知っても，コイン投げの結果は変わらない．私とあなたの信念は，同じではなくなってしまった．
2. あなたのプログラムにはバグがあるかもしれないし，ないかもしれない．あなたも私も，どちらが正しいのかはわからないが，バグがあるのか，それともないのかについての信念はもっている．
3. ある患者が x, y, z という症状を自覚している．これらの症状を発症する病気はたくさんあるが，どれか一つの病気が原因である．ある医師は原因がどの病気なのかについての信念をもっているが，別の医師は少し違った信念をもっているかもしれない．

確率を信念とみなすことは，人間にとって自然な考え方である．実際，私たちはこの世の中で生きていくために，いつもこのような考え方をしている．私たちが知っているのは真理の一部分だけだが，証拠を集めて信念を形づくるということを普通に行っている．一方，頻度主義的に考えるためには，訓練が必要である．

従来の確率論の記法に従って，ある事象 A が生じるという信念を $P(A)$ と表し，事前確率（prior probability）と呼ぶことにする．

偉大な経済学者であり思想家であるジョン・メイナード・ケインズの語録には「事実が変わったならば，私は考えを改めます．あなたはどうしますか？」というものがある（実際には言っていないという説もある）．これは，証拠が得られた後に信念を更新するという，ベイズ主義的なやり方を反映している．もし，その証拠が最初に思っていた信念とは相反することであったとしても，証拠を無視することはできない．この更新された信念を $P(A|X)$ と表し，証拠 X が与えられたときの A の確率である，と解釈する．事前確率に対応して，この更新された信念を事後確率（posterior probability）と呼ぶ．たとえば上記の例では，証拠 X が得られた後の事後確率（いわば事後信念）は次のようになる．

1. $P(A)$：コインの表が出る確率は 50%である．
   $P(A|X)$：コインの結果を見て表が出ていたら（この情報が X），表の事後確率に 1.0 を，裏の事後確率に 0.0 を割り当てる．
2. $P(A)$：この複雑で巨大なプログラムにはたぶんバグがある．
   $P(A|X)$：プログラムはすべてのテストにパスした（という情報が X）．たぶんバグがあるかもしれないが，その可能性は非常に少ないだろう．

3. $P(A)$：ある患者が何らかの病気にかかっている．
$P(A|X)$：血液検査の結果，X という証拠が得られたので，いくつかの病気の可能性は排除してもよいだろう．

　これらの例では，新しい証拠 X が得られたら，事前の信念を完全に否定するのではなく，新しい証拠で事前確率を重み付けしている（つまり，ある信念にはより大きい重み，つまり高い確信度を与えるのである）．

　事象の不確実さを事前に考えるということは，つまり，どんな結果を予想したとしても間違っている可能性がある，ということをすでに受け入れているのである．データや証拠や情報が得られたら，それをもとに信念を更新すれば，間違っている可能性は少なくなる．これが，予測という行為――普通私たちは「より正しい」予測をしようとする――のもう一つの見方である．

1.1.2 ベイズ推論の実践

　頻度主義とベイズ主義の推論をプログラミング言語の関数と見立てれば，統計的な問題という入力に対してユーザーに返される結果は，両者で大きく異なるだろう．頻度主義の推論関数の戻り値は，推定値を表す数値である（標本平均などの要約統計量であることが多い）．一方で，ベイズ主義の推論関数は「確率」を返す．

　たとえば前述のデバッグの例題であれば，頻度主義関数の引数に「このプログラムはすべてのテストにパスしたんだ（情報 X）．このプログラムにはバグがないかな？」と渡すと，戻り値は「はい，バグはありません」だろう．しかし，ベイズ主義関数の引数に「プログラムを書くといつもバグがあるんだ．このプログラムはすべてのテストにパスしたんだ（情報 X）．このプログラムにはバグがないかな？」を渡すと，戻り値はまったく異なる．つまり，「はい，バグはありません」と「いいえ，バグがあります」の答えのそれぞれに対する確率が返されるのだ．

　　　　はい，バグがない確率は 0.8 です．いいえ，バグがある確率は 0.2 です．

　この戻り値は頻度主義関数の戻り値とはまったく違うものである．ベイズ主義関数には「プログラムを書くといつもバグがあるんだ」という引数が追加できることに注意してほしい．これが事前知識（prior）である．このような事前知識を引数に与えることで，今の状況についてのユーザーの信念をベイズ主義関数に伝えている．この引数は必須ではないが，与えない場合には別の結果が得られることになる．その例は後で見ることにしよう．

証拠を採用する

　証拠（evidence）をたくさん手に入れることができれば，事前の信念はそれらに押し流されることになる．これは少し考えればわかるだろう．たとえば，あなたが「今日，太陽が爆発するんじゃないか」というおかしな信念を事前にもっていたとすれば，日を追うごとにその信念が間違っているという証拠が得られる．そして，どんな推論にせよ，この証拠に基づいてもとの信念を修正するか，少なくとももっとましなものにすることを望むだろう．そしてベイズ推論は，その信念を正してくれる．

　N を入手できる証拠の数とする．もし無限個の証拠が手に入れば（つまり $N \to \infty$），ベイズ推論の結果は頻度主義の結果と（多くの場合）一致する．したがって，N が大きくなれば，統計的推論は客観的なものになる．反対に，N が小さければ推論は不安定なものになり，頻度主義の推定値は分散も信頼区間も大きくなる．そんなときにはベイズ推論の出番である．事前確率を引数にとり，結果として（推定値ではなく）確率を返すことによって，N の小さいデータセットに対する統計的推論の不安定さを反映した，不確実さについての情報を保つのである．

　N が非常に大きい場合は，頻度主義とベイズ主義は似たような推論結果を出してくるので，二つの区別はつかなくなるだろう．そのため，少ない計算で済む頻度主義を用いたくなるかもしれない．もしそのような状況になったら，そうする前に以下のアンドリュー・ゲルマン (2005)[1] の引用を読んでほしい．

> サンプル数が大きい場合，というものは存在しない．もし N が小さすぎて十分に正確な推定値を得ることができないのであれば，データをもっと増やす（もしくはもっと多くの仮定を使う）必要がある．しかし，もし N が「十分に大きい」のであれば，データを分割してもっと多くの情報を得ることができるだろう（たとえば世論調査の場合には，全国区での良い推定値が得られたら，次は男女別，地域別，年代別の推定値を得ることもできるだろう）．N が十分であることはない．もし「十分」だとしたら，もっと多くのデータを必要とする次の問題にあなたはすでに取り組んでいるのだ．

1.1.3　頻度主義は間違っているのか？

　いや，間違ってはいない．頻度主義は今でも多くの分野で有用であり，最先端の方法である．最小二乗回帰や LASSO 回帰，EM アルゴリズムなどの手法はどれも優れていて処理も速い．ベイズ主義の手法は，それらの手法を補うものである．すなわち，頻度主義の手法が適用できない問題を解いたり，より柔軟なモデリングで隠れた構造を解き明かしたりするのである．

1.1.4 「ビッグデータ」について

逆説的に聞こえるかもしれないが，ビッグデータを利用して分析・予測する問題には，実際には比較的単純なアルゴリズムが使われている[2][3]．ビッグデータを用いた予測の難しさは，アルゴリズムにあるのではない．ビッグデータを保存し読み出すストレージや，ビッグデータに対して処理を実行するときの計算量が大変なのである（上述のゲルマンの引用を読んで「自分は本当にビッグデータを扱っているのだろうか？」と考えてみてほしい）．

もっと難しい問題は「ミディアムなサイズのデータ」の場合であり，とくに困難なのは「スモールデータ」の場合である．ゲルマンの言葉を借りるなら，ビッグデータの問題がすぐに解ける程度に「十分にビッグ」なら，「それほど十分にビッグではない」データに関心を移すべきなのである．

1.2 ベイズ推論の枠組み

計算するべき信念は，ベイズ的に考えれば確率と解釈することができる．ここで，ある事象 A についての「事前」信念をもっているとしよう．たとえば，テストを実行する前に，プログラムにバグがありそうかどうかについての信念を考えよう．

次は，得られた証拠を使う．プログラムにバグがあるかどうかの例では，プログラムはすべてのテストにパスしたので，その情報 X を取り入れて信念を更新したい．この更新された新しい信念を「事後」信念と呼ぶことにする．以下の式を使えば，信念を更新することができる．この式は，発見者のトーマス・ベイズにちなんで，ベイズの定理（Bayes' theorem）もしくはベイズ則（Bayes' rule）と呼ばれている．

$$P(A|X) = \frac{P(X|A)P(A)}{P(X)}$$
$$\propto P(X|A)P(A) \quad (ここで, \propto は「に比例する」という意味である)$$

この公式はベイズ推論にとどまらず，それ以外の分野でも使われている数学的事実である．ベイズ推論はこの式を使って，初期の事前確率 $P(A)$ と更新後の事後確率 $P(A|X)$ を結びつけているにすぎない．

1.2.1 例題：誰もが一度は通る「コイン投げ」問題

統計学のテキストであれば，コイン投げの問題を扱っていない本はない．だからちょっと寄り道してみよう．無垢なあなたは，コインの表が出る確率がよくわからないと仮定

する（正解は50%）．何らかの比率（ここではpとする）で表裏が出るということについては信じているが，そのpがどのくらいの値なのかについては，何も知らないとしよう．

それではコイン投げを始めて，表が出たのか裏が出たのかを記録する．これが観測データである．ここでちょっと考えてみよう．

コイン投げの結果を観測するにつれて，pの推論結果はどのように変わっていくのだろう？

もっと正確に言えば，データが少ないときとデータが多いときとで，事後確率はどのように違うのだろうか？　図 1.1 は，データが得られる（コインを投げる）たびに更新した事後確率をプロットしたものである．

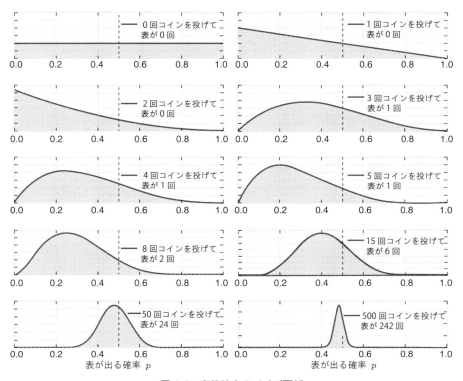

図 1.1　事後確率のベイズ更新

事後確率は曲線で表される．不確実さは，この曲線の広がり具合に比例している．この図が示すように，データが得られるたびに事後確率の曲線は右へ左へと動き回る．最終的に，データがたくさん手に入れば（たくさんコインを投げたら），事後確率曲線は，

真の確率である $p = 0.5$（図中の破線）に次第に集まってくる．

なお，曲線のピークの位置はいつも 0.5 ではないし，そうである理由もない．p の値については何も知らない，と仮定していたことを思い出そう．実際，コイン投げの結果が極端な場合（たとえば 8 回投げて表が 1 回しか出なかったような場合）には，事後確率曲線のピークは 0.5 から非常に離れてしまう（事前情報がないのに，裏が 7 回で表が 1 回というコインにイカサマはないと，どのくらい確信できるだろう？）．もっとデータが得られれば，$p = 0.5$ の周辺の確率は（必ずではないが）もっと大きくなるだろう．

次に，ベイズ推論を計算する簡単な例を見てみよう．

1.2.2　例題：司書か農家か？

ダニエル・カーネマンの "Thinking, Fast and Slow"[4]（邦訳『ファスト＆スロー』，早川書房）からヒントを得た次の例を考えてみよう．スティーブは親切だが内向的な性格で，他人にはほとんど関心がない．順番通りに揃っていることが好きで，細かい所にこだわる．こんなスティーブは図書館司書になるだろうか，それとも農家で働くことになるだろうか？　スティーブは司書になりそうだという結論には，多くの人が同意するだろう．しかしそれは，この話の背景にある，男性の農業家と男性の司書の比率は 20：1 であるという事実を無視している．スティーブは「統計的には」農家になりやすいのだ！

この間違いをどのように修正すればよいだろう？　実際に今スティーブは農家と司書のどちらなのだろう？　話を簡単にするために，職業には司書と農家の 2 種類しか存在せず，農家のほうが司書よりも 20 倍多い，と仮定しよう．

スティーブが司書であるという事象を A とする．スティーブについての情報が何もなければ，$P(A) = 1/21 = 0.047$ となり，これが事前確率である．では，彼の近所の住人から彼の性格について情報が得られたと仮定する．この（性格が内向的であるという）情報を X と呼ぶことにする．考えたいのは $P(A|X)$ である．ベイズの定理を思い出そう．

$$P(A|X) = \frac{P(X|A)P(A)}{P(X)}$$

すでに $P(A)$ はわかっているが，$P(X|A)$ はどうだろうか？　この値は「スティーブが司書である」という条件のもとでの，「彼は内向的であると近所の住人が語る」確率である．つまり，もし彼が司書であるということが事実である場合に，近所の住人がスティーブの性格を内向的であると語るのはどのくらいありうるだろうか，という値である．この値は 1.0 に非常に近いと考えられる．そこで 95%（もしくは 0.95）としてお

こう．

次は $P(X)$ である．これは，誰かが（誰でもよい）「（スティーブと同じように）近所の住人に内向的であると言われる」確率である．このような値は，このままではどんな値なのかを考えることはとても難しいが，次のように分解して考えることができる．

$$P(X) = P(X \text{ かつ } A) + P(X \text{ かつ } \sim A)$$
$$= P(X|A)P(A) + P(X|\sim A)P(\sim A)$$

ここで $\sim A$ はスティーブが司書ではない（つまり農家である）という事象を意味する．ここまでで $P(X|A)$ と $P(A)$ がわかり，また $P(\sim A) = 1 - P(A) = 20/21$ である．必要なものは $P(X|\sim A)$，つまり彼が農家である場合に，近所の住人がスティーブを内向的であると語る（つまり X）確率である．仮にこれを 0.5 としよう．すると $P(X) = 0.95 \times 1/21 + 0.5 \times 20/21 = 0.52$ となる．

以上のすべてを使えば，結果は以下のようになる．

$$P(A|X) = \frac{0.95 \times 1/21}{0.52} = 0.087$$

それほど大きい値ではないが，農家が司書よりもどれだけ多いかを考えれば，納得がいくだろう．図 1.2 は「スティーブが司書である」と「スティーブが農家である」のそれぞれの事前確率と事後確率を比較したものである．

```python
from IPython.core.pylabtools import figsize
import numpy as np
from matplotlib import pyplot as plt
%matplotlib inline
figsize(12.5, 4)

colors = ["#348ABD", "#A60628"]
prior = [1 / 21., 20 / 21.]
posterior = [0.087, 1 - 0.087]
plt.bar([0, .7], prior, alpha=0.70, width=0.25,
        color=colors[0], label="prior distribution",  # 事前確率
        lw="3", edgecolor="#348ABD")

plt.bar([0 + 0.25, .7 + 0.25], posterior, alpha=0.7,
        width=0.25, color=colors[1],
        label="posterior distribution",  # 事後確率
        lw="3", edgecolor="#A60628")

plt.xticks([0.20, 0.95], ["Librarian", "Farmer"])  # 司書，農家
plt.ylabel("Probability")  # 確率
```

```
plt.legend(loc="upper left")
plt.title("Prior and posterior probabilities of Steve's occupation")
```

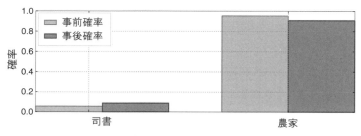

図 1.2 スティーブの職業についての事前確率と事後確率

　証拠 X が得られた後は，スティーブが司書である確率は高くなるが，それほど大きくはない．それでもまだスティーブが農家である確率が非常に大きいのである．

　これはベイズ推論とベイズの定理の非常に単純な例である．残念ながら，もう少し複雑なベイズ推論を実行するための数学は，簡単な練習問題を除いて，とても難しくなってしまう．後で見るように，この手の数学的な解析は実際には必要ない．先に，いろいろなモデリングのためのツールを知るほうがよい．次節では「確率分布」を扱う．これについてすでによく知っている読者は，読み飛ばして（もしくは斜め読みして）もよい．そうでないなら，非常に重要なのでよく理解してほしい．

1.3　確率分布

　まず，一般的に使われるギリシャ文字をおさらいしよう．

$$\alpha = \text{alpha}（アルファ）$$
$$\beta = \text{beta}（ベータ）$$
$$\lambda = \text{lambda}（ラムダ）$$
$$\mu = \text{mu}（ミュー）$$
$$\sigma = \text{sigma}（シグマ）$$
$$\tau = \text{tau}（タウ）$$

それでは確率分布の話に移ろう．確率分布（probability distribution）とは何かを思い出そう．Z を確率変数（random variable）とする．Z がとりうる値のそれぞれに確率を与える関数が z の確率分布関数（probability distribution function）である．

　確率変数には以下のように3種類ある．

- Z が離散の場合：離散確率変数は，与えられた値のリストのなかのどれか一つの値をとる．価格，映画の評価，得票数などは離散確率変数の例である．離散確率変数は，以下の連続の場合と対比するとわかりやすい．
- Z が連続の場合：連続確率変数は実数の値をとる．たとえば温度，速度，時間などは連続確率変数でモデリングされる．これらの値には，どんなに細かい値でも指定することができるからだ．
- Z が混合型の場合：混合型の確率変数は，離散と連続のどちらの確率変数にも確率を与える．つまり上の二つのタイプの組み合わせである．

1.3.1 離散の場合

もし Z が離散なら，確率分布は確率質量関数（probability mass function）と呼ばれる．これは Z が値 k をとる確率であり，$P(Z=k)$ で表す．確率質量関数は確率変数 Z を完全に決める．つまり確率質量関数がわかれば，Z がどのように振る舞うのかがわかるのである．どこにでも登場する有名な確率質量関数がいくつかあるが，ここではそれらを必要に応じて紹介しよう．まず紹介する有用な確率質量関数は，ポアソン分布（Poisson distribution）である．Z の確率質量関数が以下の式であれば，Z はポアソン分布に従うという．

$$P(Z=k) = \frac{\lambda^k e^{-\lambda}}{k!}, \quad k=0,1,2,\ldots$$

ここで，λ は分布の形状を決めるパラメータである．ポアソン分布の場合，λ は任意の正の実数である[◆1]．λ を大きくすると大きな値の確率が高くなり，λ を小さくすると小さな値の確率が高くなる．そのため，λ はポアソン分布の「強度」と考えてもよい．

任意の正の実数である λ とは異なり，上の式での k の値は非負の整数，つまり $0, 1, 2, \ldots$ でなければならない[◆2]．これは重要なことである．人数をモデリングしようとする場合には，4.25 人や 5.612 人などは意味をなさない．

確率変数 Z がポアソン分布に従うことを以下のように書く．

$$Z \sim \mathrm{Poi}(\lambda)$$

ポアソン分布の便利な性質の一つは，期待値[◆3] が分布パラメータに等しいということである．

- ◆1 訳注：正であればどんな実数でもよい．という意味．
- ◆2 訳注：一般的に，1, 2, 3, ... を正の整数（つまり自然数），0, 1, 2, 3, ... を非負の整数と言う．
- ◆3 訳注：期待値を知らなければ，ここでは平均だと思っても構わない．次式の左辺は，パラメータ λ が与えられたときの確率変数 Z の期待値（expectation の頭文字 E），という意味である．

$$E[Z|\lambda] = \lambda$$

この先この性質を利用するので覚えておいてほしい．図 1.3 のグラフは，λ の値を変えて確率質量関数をプロットしたものである．このグラフで注意してほしいことは二つある．一つ目は，λ を大きくすれば，大きな値が出る確率が高くなること．二つ目は，表示の都合で横軸は 15 までで終わっているが，分布はまだ続いていること．つまり，すべての正の整数に対して確率が割り当てられているのである．

```python
import scipy.stats as stats
figsize(12.5, 4)

poi = stats.poisson
lambda_ = [1.5, 4.25]
colors = ["#348ABD", "#A60628"]

a = np.arange(16)
plt.bar(a, poi.pmf(a, lambda_[0]), color=colors[0],
        label="$\lambda = %.1f$" % lambda_[0],
        alpha=0.60, edgecolor=colors[0], lw="3")
plt.bar(a, poi.pmf(a, lambda_[1]), color=colors[1],
        label="$\lambda = %.1f$" % lambda_[1],
        alpha=0.60, edgecolor=colors[1], lw="3")

plt.xticks(a + 0.4, a)
plt.legend()
plt.ylabel("Probability of $k$")  # k の確率
plt.xlabel("$k$")
plt.title("Probability mass function of a Poisson random variable, "
          "differing $\lambda$ values")
```

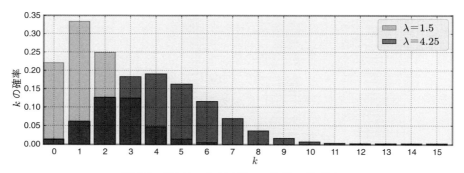

図 1.3　異なる λ に対する二つのポアソン分布

1.3.2 連続の場合

連続確率変数は，確率質量関数ではなく確率密度分布関数（probability density distribution function）で表される．これは単に名前が違うだけに思えるかもしれないが，密度関数と質量関数はまったく違うものなのである．連続確率変数の密度関数の例として，以下の式で表される指数分布（exponential distribution）がある．

$$f_Z(z|\lambda) = \lambda e^{-\lambda z}, \quad z \geq 0$$

ポアソン分布と同様に，指数分布の確率変数は非負の値しかとらない．しかし，ポアソン分布とは異なり，非負の値ならどんな値でも（つまり 4.25 でも 5.612401 でも）とることができる．このため，計数（カウント）データには不向きであるが（整数の値しかとらないから），時間データや温度データ（もちろん単位はケルビンで）などの正の実数値をとるデータには向いている．図 1.4 のグラフは，λ の値を変えて確率分布関数をプロットしたものである．

確率変数 Z の密度分布関数が指数分布であれば，Z は指数分布に従うと言い，次のように書く．

$$Z \sim \text{Exp}(\lambda)$$

指数分布の期待値は，パラメータ λ の逆数である．

$$E[Z|\lambda] = \frac{1}{\lambda}$$

```
a = np.linspace(0, 4, 100)
expo = stats.expon
lambda_ = [0.5, 1]

for l, c in zip(lambda_, colors):
    plt.plot(a, expo.pdf(a, scale=1. / l),
            lw=3, color=c, label="$\lambda = %.1f$" % l)
    plt.fill_between(a, expo.pdf(a, scale=1. / l),
                    color=c, alpha=.33)

plt.legend()
plt.ylabel("Probability density function at $z$")   # z における密度関数値
plt.xlabel("$z$")
plt.ylim(0, 1.2)
plt.title("Probability density function of an exponential "
         "random variable, differing $\lambda$ values")
```

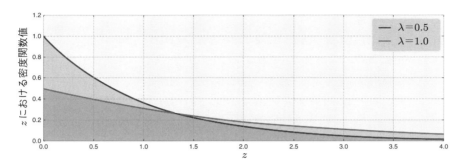

図 1.4　異なる λ に対する二つの指数分布

重要なので覚えておいてほしいことがある．それは，確率密度関数の値は「確率ではない」ということである．

1.3.3　ところで λ って何？

これは統計学者たちを昔から悩ませてきた疑問だ．現実の世界では，λ は私たちの手の届かないところに隠されている．私たちにわかるのは Z だけなので，これを使って逆に λ を推定するしかない．これは難しい問題だ．Z と λ との間には一対一の関係がないのだ．そのため，λ を推定するという問題を解くために，何百もの手法が提案されてきた．しかし λ は実際にはわからないのだから，どの手法が一番良いのか確かめるすべはそもそもないのだ！

ベイズ推論が扱うのは，λ の値が何なのかについての信念である．つまり，厳密な λ の値を求めるのではなく，「λ はこの値になりそうだ」と言うことにする．そのために，λ についての確率分布を考えるのだ．

何か変だと思うかもしれない．だって λ は定数だから確率変数ではないし，どう見たってランダムではない．確率変数ではない定数の値にどうやって確率を与えるというのだ？　そう思ったあなたは昔ながらの頻度主義の考え方に陥ってしまっている．ベイズ主義の考え方を思い出そう．確率を信念だとみなすので，何にでも確率を割り当てることができる．だから，パラメータ λ についての信念をもつことは，まったくもって理にかなっているのだ．

1.4　コンピュータにベイズ推論をさせるには

それでは，もう少し面白い例題に挑戦しよう．それは，あるユーザーが送受信するメッセージ数にまつわる，以下のような問題である．

1.4.1 例題：メッセージ数に変化はあるか？

あるユーザーが毎日受信するメッセージの数という数列が与えられたとする．このデータを横軸を経過日数でプロットしたものが図 1.5 である．ここで知りたいことは，このユーザーのメッセージ受信数が，時間が経つにつれて（徐々に，あるいは急に）変化しているのかどうかである．これをどのようにモデリングすればよいだろう？（ちなみに，これは私の実際のメッセージ受信データである[◆1]．私が人気者かそうでないかがバレてしまう．）

```
from os import makedirs
makedirs("data", exist_ok=True)  # フォルダの作成

from urllib.request import urlretrieve
# データのダウンロード◆2
urlretrieve("https://git.io/vXTVC", "data/txtdata.csv")
```

```
figsize(12.5, 3.5)

count_data = np.loadtxt("data/txtdata.csv")
n_count_data = len(count_data)
plt.bar(np.arange(n_count_data), count_data, color="#348ABD")

plt.xlabel("Time (days)")  # 経過日数
plt.ylabel("Text messages received")  # 受信メッセージ数
plt.title("Did the user's texting habits change over time?")
plt.xlim(0, n_count_data)
```

モデリングを始める前に，図 1.5 からわかることは何だろうか．このデータを見て，時間的に変化があるのかどうか，考えてみてほしい．

さて，どのようにモデリングすればよいだろう．都合のよいことに，すでに説明したポアソン分布がこのような計数データをモデリングするのにぴったりだ．i 日目のメッセージ数を C_i とすると，次のように書ける．

[◆1] 訳注：https://github.com/CamDavidsonPilon/Probabilistic-Programming-and-Bayesian-Methods-for-Hackers/blob/master/Chapter1_Introduction/data/txtdata.csv （短縮 URL https://git.io/vXTVC）から入手できる．

[◆2] 訳注："certificate verify failed" というエラーが出る場合には以下の 3 行を実行する．
```
import ssl
ssl._create_default_https_context = \
ssl._create_unverified_context
```
"Service Unavailable" というエラーが出る場合には，しばらく待ってから再度実行する．

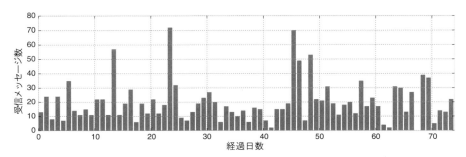

図 1.5 ユーザーのメッセージ受信数は，時間が経つにつれて変化しているだろうか？

$$C_i \sim \text{Poi}(\lambda)$$

しかし，パラメータ λ の値をどうすればよいのか，まったくわからない．図 1.5 を眺めていると，グラフ後半のほうで数値が大きくなっているようにも見える．つまり，観測しているこの期間内のどこかで λ の値が大きくなっているのかもしれない（λ の値が大きくなれば，大きな値に大きな確率を割り当てる，ということを思い出そう．つまり，ある日にたくさんのメッセージが受信されるという確率が高くなる，ということである）．

この考え方を数学的にどのように表現すればよいだろう？　この観測期間内のある日（これを τ 日目とする）において，パラメータ λ の値が突然大きくなると仮定する．すると，実際には二つの λ をパラメータにもつことになる．一つ目は τ 日目より前のもの，二つ目は τ 日目以降観測終了日までのものである．専門用語では，この急激に変化した箇所を変化点（switchpoint）と言う．

$$\lambda = \begin{cases} \lambda_1 & (t < \tau \text{のとき}) \\ \lambda_2 & (t \geq \tau \text{のとき}) \end{cases}$$

もし実際には変化がなければ $\lambda_1 = \lambda_2$ となり，それらの事後分布は同じように見えるはずだ．

ここでやるべきことは，二つの未知数 λ_1, λ_2 を推定することである．ベイズ推論を使うには，二つの λ に対してそれぞれ事前分布を決める必要がある．λ_1 と λ_2 の事前確率分布として，どんなものがふさわしいだろう？　すでに説明した指数分布は，このような正の実数のための確率分布だから，λ_i をモデル化するためにはちょうどよいだろう．しかし思い出してほしい．指数分布はそれ自体がパラメータをもっていた．だからここ

でのモデルもパラメータをもつことになる．このパラメータを α と呼ぼう．

$$\lambda_1 \sim \text{Exp}(\alpha)$$
$$\lambda_2 \sim \text{Exp}(\alpha)$$

α はハイパーパラメータと呼ばれる．文字通り，他のパラメータのパラメータという意味である．α の値はここでのモデルにはそれほど大きな影響を与えないので，あまり神経質に選ばなくてもいい．ここでは，計数データの平均をとって，その逆数にする，というやり方をおすすめする．なぜって？ 指数分布で λ をモデル化していて，その期待値はすでに紹介したとおり，次の式になるからだ．

$$\frac{1}{N}\sum_{i=0}^{N} C_i \approx E[\lambda|\alpha] = \frac{1}{\alpha}$$

こうすれば，事前分布のパラメータに主観が入ることは避けられるし，このハイパーパラメータの値の影響を最小限に抑えられる．このほかにぜひ読者の皆さんに試してもらいたい方法は，それぞれの λ_i に別々の事前分布を使う，というものである．異なる α の値をもつ二つの指数分布を使うということは，観測期間中のどこかで数値が変化した，という信念を反映したものになる．

では τ はどうだろう？ データには結構なばらつきがあるので，ここが変化点の τ 日目だ，と言うことは難しい．そこで，ここでは一様分布（uniform distribution）を使おう．つまり，どの日も同等であるという信念をもっているということだ．

$$\tau \sim \text{DiscreteUniform}(1, 70)$$
$$\Rightarrow P(\tau = k) = \frac{1}{70}$$

それでは，こうして定めたいくつもの未知変数の事前分布は，全体としてどんな形になっているのだろう？ 実は，それはあまり気にしなくてよい．それは数学者好みのややこしくて複雑な数式だらけの魔物だ，ということだけ理解していればよい．モデルが複雑になれば，数式は頭が痛くなるほどややこしくなる．一方で，本当に私たちが理解する必要があるのは，事後分布だ．

ここで，ベイズ推論のための Python ライブラリである PyMC に登場してもらおう．これを使って，私たちのモデルがつくり出してしまった数学的な魔物をやっつけよう．

1.4.2　必殺の一撃： PyMC

　PyMC はベイズ推論のための Python ライブラリである[5]．処理が高速で，コードはよくメンテナンスされてはいるが，問題は初心者と上級者をつなぐ重要な部分のドキュメントが整備されていない点である．本書の目的の一つは，この問題点を解消することであり，また PyMC が超スゴいということを伝えることでもある．

　これから PyMC を使って先程の例題をモデル化する．このような種類のプログラミングは，確率的プログラミング（probabilistic programming）と呼ばれる．ただし，このネーミングは適切ではない．ランダムにコードを生成するような方法を連想してしまうし，ユーザーは混乱し，怖がってこの分野に近づかなくなってしまう．コード自体はランダムではない．プログラミング言語の変数をモデルの構成要素として使うことで確率的モデルをつくる，という意味で確率的なのである．モデルの構成要素は，PyMC フレームワークの主要なプリミティブである．

　クローニン[6] は確率的プログラミングについて，次のように述べている．

> 次のように考えることもできる．順方向だけに計算が進む従来のプログラムとは異なり，確率的プログラムは順方向にも逆方向にも計算が進む．順方向には世界（つまりそれが表現するモデル空間）について，それがもつ仮定から得られる結論を計算し，逆方向にはデータから，それを説明するモデルに対して制約を加える．実際には，多くの確率的プログラミングのシステムは，最良の説明を効率的に与えるように順方向と逆方向を行き来する．

「確率的プログラミング」という用語は混乱の原因になるため，本書では使わずに，単に「プログラミング」と言うことにする．実際，プログラミングに違いないのだから．

　PyMC のコードは読みやすい．もとの Python にはない新しい部分は PyMC の構文だけであり，以下ではコードの途中で必要に応じて説明する．ここでは，モデルの構成要素である $(\tau, \lambda_1, \lambda_2)$ を確率変数にしていることは覚えておいてほしい．次のコードを見てみよう．

```
import pymc as pm

# 変数 count_data が計数データを保持している．
alpha = 1.0 / count_data.mean()

lambda_1 = pm.Exponential("lambda_1", alpha)
lambda_2 = pm.Exponential("lambda_2", alpha)

tau = pm.DiscreteUniform("tau", lower=0, upper=n_count_data)
```

このコードでは，λ_1 と λ_2 に対応する PyMC 変数を作成し，PyMC の stochastic（確率的）変数（2.1.2 項で定義する）に割り当てている．stochastic 変数はバックエンドで乱数生成器として扱われるためそのような名前がついており，以下のように，組み込みの random() メソッドを呼び出すことができる．tau の値は，後ほどデータからの学習を行うステップで求めることにしよう．

```
# 呼び出す練習をしているだけ.
print("Random output:", tau.random(), tau.random(), tau.random())
```

```
[Output]:

Random output:  53 21 42
```

```
@pm.deterministic
def lambda_(tau=tau, lambda_1=lambda_1, lambda_2=lambda_2):
    out = np.zeros(n_count_data)  # データの数
    out[:tau] = lambda_1  # tau より前の lambda は lambda_1
    out[tau:] = lambda_2  # tau から後の lambda は lambda_2
    return out
```

このコードでは，新しい関数 lambda_ を定義している．しかし，実際にはこれを確率変数 λ とみなすことができる．なお，lambda_1 も lambda_2 も tau も確率変数なので，lambda_ もまた確率変数である．どの変数も定数ではない．

@pm.deterministic はデコレータで，この関数が決定的（deterministic，2.1.2 項参照）であることを PyMC に伝えている．つまり，引数が決定的であれば出力もまた決定的になる．

```
observation = pm.Poisson("obs", lambda_,
                         value=count_data, observed=True)
model = pm.Model([observation, lambda_1, lambda_2, tau])
```

ここでは，パラメータに lambda_ を，データ count_data を value キーワードで受け渡して，この例題のデータ生成モデルであるポアソン分布のオブジェクトを生成し，それを変数 observation が受け取っている．さらに observed=True を指定して，この値は観測値なので解析時には固定されている，ということを PyMC に伝えている．最後に，これらの変数をすべて用いて Model インスタンスを生成する．こうすることで，結果を受け取ることがとても簡単になる．

以下のコードの詳細は第 3 章で解説するので，ここではどんな結果が得られるのかを見てほしい．このコードは「学習ステップ」とみなすことができる．使った手法はマルコフ連鎖モンテカルロ法（Markov chain Monte Carlo; MCMC）と言い，第 3 章で説明する．この手法は，$\lambda_1, \lambda_2, \tau$ の事後分布から何千個もの値をサンプリング（抽出）して返す（サンプリングされた値は，MCMC の文献では軌跡（trace）とも呼ばれる）．それらのサンプル値のヒストグラムをプロットすると，事後分布がどんな形をしているのかを見ることができる．実際にサンプリングしてヒストグラムを求めた結果を図 1.6 に示す．

```
# この摩訶不思議なコードは第3章で説明する．
# 言えるのは，これで 30,000 (= 40,000 - 10,000) 個の
# サンプルが得られるということだ．
mcmc = pm.MCMC(model)
mcmc.sample(40000, 10000)
```

```
[Output]:

[-----------------100%-----------------] 40000 of 40000 complete in 9.6 sec
```

```
lambda_1_samples = mcmc.trace('lambda_1')[:]
lambda_2_samples = mcmc.trace('lambda_2')[:]
tau_samples = mcmc.trace('tau')[:]

figsize(14.5, 10)

# サンプルのヒストグラム

ax = plt.subplot(311)
ax.set_autoscaley_on(False)
plt.hist(lambda_1_samples, histtype='stepfilled',
         bins=30, alpha=0.85, color="#A60628", normed=True,
         label="posterior of $\lambda_1$")
plt.legend(loc="upper left")
plt.title("Posterior distributions of the parameters "
          r"$\lambda_1, \lambda_2, \tau$")
plt.xlim([15, 30])
plt.xlabel("$\lambda_1$ value")   # lambda_1 の値
plt.ylabel("Density")   # 密度関数値

ax = plt.subplot(312)
ax.set_autoscaley_on(False)
plt.hist(lambda_2_samples, histtype='stepfilled',
```

```
                bins=30, alpha=0.85, color="#7A68A6", normed=True,
                label="posterior of $\lambda_2$")
plt.legend(loc="upper left")
plt.xlim([15, 30])
plt.xlabel("$\lambda_2$ value")  # lambda_2 の値
plt.ylabel("Density")  # 密度関数値

plt.subplot(313)
w = 1.0 / tau_samples.shape[0] * np.ones_like(tau_samples)
plt.hist(tau_samples, bins=n_count_data, alpha=1,
            label=r"posterior of $\tau$", color="#467821",
            weights=w, rwidth=2.)
plt.xticks(np.arange(n_count_data))
plt.legend(loc="upper left")
plt.ylim([0, .75])
plt.xlim([35, len(count_data) - 20])
plt.xlabel(r"$\tau$ (in days)")  # tau 日目
plt.ylabel("Probability")  # 確率
```

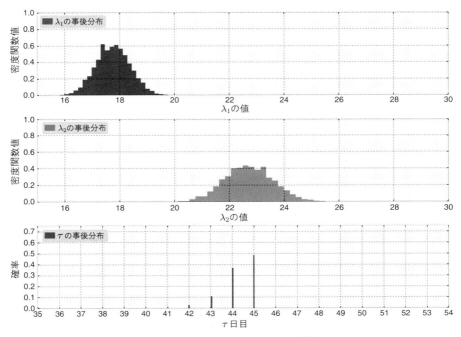

図 1.6　パラメータ $\lambda_1, \lambda_2, \tau$ の事後分布

1.4.3　解釈

ベイズ推論では，確率分布が結果として得られるということを思い出そう．つまり未知数である二つの λ と τ の分布が得られるのだ．ここから何がわかるのだろう？　すぐにわかるのは，推定値の不確実さで，分布の幅が広ければ，事後信念はあまり確信できるものではないということだ．それから，パラメータの妥当な値もわかる．λ_1 はおよそ 18 で，λ_2 はおよそ 23 である．二つの λ の事後分布は明らかに異なっており，これはつまりユーザーのメッセージ受信に変化があった可能性が高いことを意味する（もっと正式な議論は章末の付録を参照）．

ほかに何かわかることはあるだろうか？　もとのデータを見直して，この結果は妥当だと言えるだろうか？

まずわかることは，二つの λ の事前分布は指数分布（図 1.4）だったのに，事後分布は指数分布に見えないことだ．実際，事後分布はこのモデルに登場するどの分布とも異なっている．でも何も問題はない．これは実際に計算してみるということの利点なのだ．もし数学的な解析を試みたとしたら，事後分布を導出しようとしても，数式が複雑すぎて手に負えなくなってしまっていただろう．計算してみるというアプローチをとることで，つくったモデルが数学的に扱いやすいかどうかを気にせずに済むのである．

次に τ の分布を見てみよう．連続変数の λ とは異なり，τ は離散確率変数なので，事後分布は確率質量関数である．この分布を見ると，45 日目にユーザーが振る舞いを変えたという確率が 50% 程度になっている．もし変化がなかったり，変化が緩やかだったりした場合には，τ の事後分布はもっと広がったものになり，多数の日が τ の候補になりうることを示すはずだ．しかし実際には，ほんの数日間のどれかが変化点である，という結果となった．

1.4.4　事後分布からサンプリングすると何が嬉しいの？

本書では，これ以降，まさにこの疑問に答えていくことになる．その答えは，控えめに言っても，とても強力な結果を得ることができる，というものだ．ここではこの章のしめくくりとして，もう一つの例を考えてみよう．

事後分布からのサンプルを使って，次の疑問に答えてみよう．t 日目 ($0 \leq t \leq 70$) のメッセージ数の期待値はいくらだろうか？　ポアソン分布の期待値はパラメータ λ だったことを思い出そう．したがってこの疑問は，t 日目における λ の期待値は何か？　という疑問と同じである．

以下のコードでは，i は事後分布からのサンプルを表すインデックスとする．日数 t が

与えられたとき，もし $t < \tau_i$ なら $\lambda_i = \lambda_{1,i}$ （つまり振る舞いの変化はまだ起こっていない），そうでないなら $\lambda_i = \lambda_{2,i}$ として，その日数 t でのすべての可能な λ_i を平均する．

```
figsize(12.5, 5)

# tau_samples, lambda_1_samples, lambda_2_samples は
# それぞれの事後分布から得られた N サンプルからなる．

N = tau_samples.shape[0]
expected_texts_per_day = np.zeros(n_count_data)  # データ数

for day in range(0, n_count_data):
    # ix は，day の値よりも前の変化点に対応する tau の
    # すべてのサンプルの bool インデックス．
    ix = day < tau_samples

    # 事後分布からの各サンプルは tau の値に対応している．それぞれの日におい
    # て，tau の値は変化点よりも「前（lambda_1 の期間）」か「後（lambda_2 の
    # 期間）」かを表している．lambda_1 と lambda_2 からそれぞれサンプリング
    # して，すべてのサンプルについての平均をとれば，その日における lambda の
    # 期待値が得られる．説明しているように，「メッセージ数」の確率変数はポア
    # ソン分布に従うので（ポアソン分布のパラメータである），lambda は「メッ
    # セージ数」の期待値である．
    expected_texts_per_day[day] = \
        (lambda_1_samples[ix].sum()
         + lambda_2_samples[~ix].sum()) / N

plt.plot(range(n_count_data), expected_texts_per_day,
         lw=4, color="#E24A33",
         label="Expected number of "
               "text messages received")  # 受信数の期待値
plt.xlim(0, n_count_data)
plt.ylim(0, 60)
plt.xlabel("Day")  # 経過日数
plt.ylabel("Number of text messages")  # 受信メッセージ数
plt.title("Number of text messages received versus "
          "expected number received")

plt.bar(np.arange(len(count_data)), count_data,
        color="#348ABD", alpha=0.65,
        label="Observed text messages "
              "per day")  # 観測された毎日の受信数
plt.legend(loc="upper left")

print(expected_texts_per_day)
```

```
[Output]:

[ 17.7707  17.7707  17.7707  17.7707  17.7707  17.7707  17.7707  17.7707
  17.7707  17.7707  17.7707  17.7707  17.7707  17.7707  17.7707  17.7707
  17.7707  17.7707  17.7707  17.7707  17.7707  17.7707  17.7707  17.7707
  17.7707  17.7707  17.7707  17.7707  17.7707  17.7707  17.7707  17.7707
  17.7707  17.7707  17.7707  17.7708  17.7708  17.7712  17.7717  17.7722
  17.7726  17.7767  17.9207  18.4265  20.1932  22.7116  22.7117  22.7117
  22.7117  22.7117  22.7117  22.7117  22.7117  22.7117  22.7117  22.7117
  22.7117  22.7117  22.7117  22.7117  22.7117  22.7117  22.7117  22.7117
  22.7117  22.7117  22.7117  22.7117  22.7117  22.7117  22.7117  22.7117
  22.7117  22.7117]
```

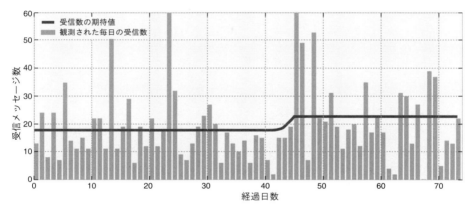

図 1.7 受信メッセージ数とその期待値

図 1.7 の結果は，変化点の影響をわかりやすく表している．しかし，この結果の見方については，注意しなければならない．この図では，「メッセージ数の期待値」を表す線には曖昧さがないように見えてしまうが，現実には不確実さは残っている．得られた結果は，ユーザーの振る舞いが変化し（λ_1 と λ_2 の分布が異なっている），その変化は緩やかではなく急激だった（τ の事後分布が狭い範囲に集中している）という信念を強力に支持している．この変化を引き起こした原因は，メッセージ受信料の引き下げ，お天気通知メッセージサービスへの加入，新しい知り合いができたことなど，いろいろと考えられる．

1.5 おわりに

本章では，頻度主義とベイズ主義の確率の解釈の違いを紹介した．また，ポアソン分布と指数分布という二つの重要な確率分布を学んだ．メッセージ受信の例で使ったように，これらはこれから構築するベイズモデルの重要な構成要素となる．第2章では，ほかの様々なモデリング方法と PyMC の使い方を説明する．

▶ 付録

実際に二つの λ は統計的に異なっているのか？

メッセージ数の例では，λ_1 と λ_2 の事後分布は異なっている，とグラフを見て結論した．二つの事後分布の位置はまったく異なっているので，それは間違ってはいない．しかし，もし二つの分布の位置が近かったり重なり合ったりしていたらどうだろう？　そうした場合も含めて，より形式的に結論を得るにはどうしたらよいだろうか？

一つの方法は，$P(\lambda_1 < \lambda_2 \mid \text{data})$ を計算することである．つまり，観測データが与えられた場合に，λ_1 が λ_2 よりも小さい確率はどのくらいか，という問題を考えることである．もしそれが 50% に近ければ，それらが実際に異なっている，とは確信できない．もしそれが 100% に近ければ，それらが非常に異なっている，と強く確信できる．事後分布からサンプリングすれば，この計算は簡単である．λ_1 の事後分布からのサンプルが，λ_2 の事後分布からのサンプルよりも小さくなる割合を求めればよい．

```
# bool 配列：lambda_1 が lambda_2 よりも小さければ True．
print(lambda_1_samples < lambda_2_samples)
```

```
[Output]:

[ True True True True ..., True True True True]
```

```
# どのくらい起こりやすいか？
print((lambda_1_samples < lambda_2_samples).sum())

# サンプル数はいくつ？
print(lambda_1_samples.shape[0])
```

```
[Output]:

29994
30000
```

```
# 割合が確率になる． .mean() を使えばよい．
print((lambda_1_samples < lambda_2_samples).mean())
```

```
[Output]:

0.9998
```

結果はほとんど100%であり，二つの値が異なっていることが確信できる．

もっと複雑なことも考えられる．たとえば，「それらの値が少なくとも1（あるいは2, 5, 10）だけ異なっている確率は」？

```
# ベクトル abs(lambda_1_samples - lambda_2_samples) > 1 の要素は
# bool であり，値が 1 よりも大きければ True，そうでなければ False である．
# これはどのくらい起こりやすいか？  .mean() を使おう．

for d in [1, 2, 5, 10]:
    v = (abs(lambda_1_samples - lambda_2_samples) >= d).mean()

    # 差が d よりも大きい確率は？
    print("What is the probability the difference"
          "is larger than %d? %.2f" % (d, v))
```

```
[Output]:

What is the probability the difference is larger than 1?   1.00
What is the probability the difference is larger than 2?   1.00
What is the probability the difference is larger than 5?   0.49
What is the probability the difference is larger than 10?  0.00
```

二つの変化点への拡張

変化点が一つであると仮定してよいのかという疑問をもつかもしれない．同じモデルを，変化点の数を複数に拡張するにはどうすればよいだろうか．まず，二つの変化点をもつようにモデルを拡張しよう（つまり λ_i が三つになる）．このモデルは拡張前のモデルとそっくりである．

$$\lambda = \begin{cases} \lambda_1 & (t < \tau_1 のとき) \\ \lambda_2 & (\tau_1 \leq t < \tau_2 のとき) \\ \lambda_3 & (t \geq \tau_2 のとき) \end{cases}$$

ここで

$$\lambda_1 \sim \text{Exp}(\alpha)$$
$$\lambda_2 \sim \text{Exp}(\alpha)$$
$$\lambda_3 \sim \text{Exp}(\alpha)$$

であり，また

$$\tau_1 \sim \text{DiscreteUniform}(1, 69)$$
$$\tau_2 \sim \text{DiscreteUniform}(\tau_1, 70)$$

である．

ではこのモデルをコードにしよう．以前のコードとよく似たものになる．

```
lambda_1 = pm.Exponential("lambda_1", alpha)
lambda_2 = pm.Exponential("lambda_2", alpha)
lambda_3 = pm.Exponential("lambda_3", alpha)

tau_1 = pm.DiscreteUniform("tau_1", lower=0,
                           upper=n_count_data - 1)
tau_2 = pm.DiscreteUniform("tau_2", lower=tau_1,
                           upper=n_count_data)


@pm.deterministic
def lambda_(tau_1=tau_1, tau_2=tau_2,
            lambda_1=lambda_1,
            lambda_2=lambda_2,
            lambda_3=lambda_3):
    out = np.zeros(n_count_data)  # データ数
    out[:tau_1] = lambda_1         # tau1 より前の lambda は lambda_1
    out[tau_1:tau_2] = lambda_2    # tau1 から tau2 の間は lambda_2
    out[tau_2:] = lambda_3         # tau2 から後の lambda は lambda_3
    return out

observation = pm.Poisson("obs", lambda_,
                         value=count_data, observed=True)

model = pm.Model([observation,
```

```
                        lambda_1, lambda_2, lambda_3,
                        tau_1, tau_2])
mcmc = pm.MCMC(model)
mcmc.sample(40000, 10000)
```

```
[Output]:

[-----------------100%-----------------] 40000 of 40000 complete in 19.5 sec
```

図 1.8 に，五つのパラメータの事後分布を示す．グラフから，このモデルは 45 日目と 47 日目に変化点を見つけたことがわかる．この結果をどう考えればよいだろうか？ モデルはデータにオーバーフィットしてしまったのだろうか？

```
lambda_1_samples = mcmc.trace('lambda_1')[:]
lambda_2_samples = mcmc.trace('lambda_2')[:]
lambda_3_samples = mcmc.trace('lambda_3')[:]
tau1_samples = mcmc.trace('tau_1')[:]
tau2_samples = mcmc.trace('tau_2')[:]

figsize(14.5, 10)

ax = plt.subplot(511)
ax.set_autoscaley_on(False)
plt.hist(lambda_1_samples, histtype='stepfilled',
         bins=30, alpha=0.85, color="#A60628", normed=True,
         label="posterior of $\lambda_1$")
plt.legend(loc="upper left")

plt.title("Posterior distributions of the five unknown "
          "parameters in the extended text-message model")
plt.xlim([15, 30])
plt.xlabel("$\lambda_1$ value")   # lambda_1 の値
plt.ylabel("Density")   # 密度関数値

ax = plt.subplot(512)
ax.set_autoscaley_on(False)
plt.hist(lambda_2_samples, histtype='stepfilled',
         bins=30, alpha=0.85, color="#7A68A6", normed=True,
         label="posterior of $\lambda_2$")
plt.legend(loc="upper left")
plt.xlim([30, 90])
plt.xlabel("$\lambda_2$ value")   # lambda_2 の値
plt.ylabel("Density")   # 密度関数値

ax = plt.subplot(513)
```

```
ax.set_autoscaley_on(False)
plt.hist(lambda_3_samples, histtype='stepfilled',
        bins=30, alpha=0.85, color="#7A68A6", normed=True,
        label="posterior of $\lambda_3$")
plt.legend(loc="upper left")
plt.xlim([15, 30])
plt.xlabel("$\lambda_3$ value")  # lambda_3 の値
plt.ylabel("Density")  # 密度関数値

plt.subplot(514)
w = 1.0 / tau1_samples.shape[0] * np.ones_like(tau1_samples)
plt.hist(tau1_samples, bins=n_count_data, alpha=1,
        label=r"posterior of $\tau_1$", color="#467821",
        weights=w, rwidth=2.)
plt.xticks(np.arange(n_count_data))
plt.legend(loc="upper left")
plt.ylim([0, .75])
plt.xlim([35, len(count_data) - 20])
plt.xlabel("Day")  # 経過日数
plt.ylabel("Probability")  # 確率

plt.subplot(515)
w = 1.0 / tau2_samples.shape[0] * np.ones_like(tau2_samples)
plt.hist(tau2_samples, bins=n_count_data, alpha=1,
        label=r"posterior of $\tau_2$", color="#467821",
        weights=w, rwidth=2.)
plt.xticks(np.arange(n_count_data))
plt.legend(loc="upper left")
plt.ylim([0, .75])
plt.xlim([35, len(count_data) - 20])
plt.xlabel("Day")  # 経過日数
plt.ylabel("Probability")  # 確率
```

　実際には，データのなかにいくつの変化点が存在するのかについての意見は割れるかもしれない．たとえば，変化点は三つよりも二つ，二つよりも一つのほうがもっともらしいと私は思うが，ほかの人はそうではないかもしれない．このような意見の相違があるのなら，変化点の個数についても事前分布をつくり，モデルに決めさせればよいのである．実際にモデルをつくって計算した結果，やはり変化点の個数は一つがもっともらしい，となった．そのコードはこの章の範囲を超えてしまっているので紹介はしないが，ここで言いたかったことは，データを見るときに用心深くなるのと同じくらいに，モデルについても用心深く見なければならない，ということである．

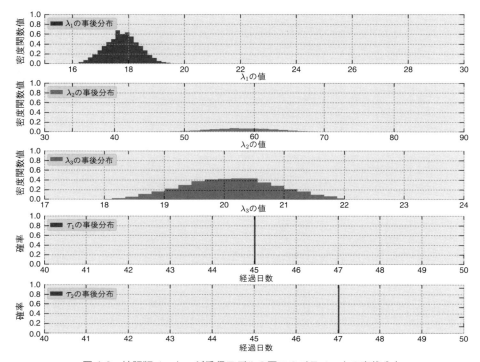

図 1.8 拡張版メッセージ受信モデルの五つのパラメータの事後分布

▶ 演習問題

1. lambda_1_samples と lambda_2_samples を使って，λ_1 と λ_2 の事後分布の平均を求めよう．
2. メッセージ受信数の増加率の期待値を求めよう．
   ヒント：(lambda_2_samples - lambda_1_samples) / lambda_1_samples の平均を計算しよう．なお，これは (lambda_2_samples.mean() - lambda_1_samples.mean()) / lambda_1_samples.mean() とはまったく違う．
3. τ が 45 よりも小さいという情報が与えられた場合の λ_1 の平均を求めよう．つまり，45 日目よりも前に変化が起こったという情報が与えられたと仮定すると，λ_1 の期待値は何だろうか？（PyMC のコードを書き換える必要はない．tau_samples < 45 であるすべてのインスタンスを考えよう）

解答例

1. 事後分布の平均（事後分布の期待値と同じ）を計算するには，サンプルに対して mean

メソッドを使えばよい．

```
print(lambda_1_samples.mean())
print(lambda_2_samples.mean())
```

2. 二つの数値 a と b が与えられた場合，相対的な増加率は $(a-b)/b$ である．この例題では，λ_1 と λ_2 の値はわからない．以下のコード

```
(lambda_2_samples-lambda_1_samples)/lambda_1_samples
```

を実行して得られたベクトルは，相対増加率の事後分布を表している．たとえば図 1.9 を見てほしい．

```
relative_increase_samples = \
    (lambda_2_samples - lambda_1_samples) / lambda_1_samples
print(relative_increase_samples)
```

```
[Output]:

[ 0.263 0.263 0.263 0.263 ..., 0.1622 0.1898 0.1883 0.1883]
```

```
figsize(12.5, 4)

plt.hist(relative_increase_samples, histtype='stepfilled',
         bins=30, alpha=0.85, color="#7A68A6", normed=True,
         label='posterior of relative increase')  # 相対増加率の
                                                   # 事後確率
plt.xlabel("Relative increase")  # 相対増加率
plt.ylabel("Density of relative increase")  # 相対増加率の密度分布
plt.title("Posterior of relative increase")
plt.legend()
```

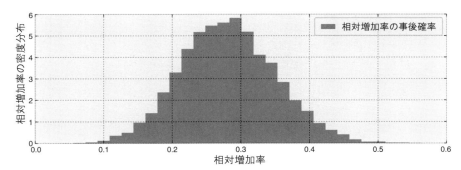

図 1.9　相対増加率の事後分布

平均を計算するには，この新しいベクトルの平均値を求めればよい．

```
print(relative_increase_samples.mean())
```

[Output]:

0.280845247899

3. もし $\tau < 45$ を知っているなら，その条件を満たすすべてのサンプルを用いる．

```
ix = tau_samples < 45
print(lambda_1_samples[ix].mean())
```

[Output]:

17.7484086925

▶ 文献

[1] Gelman, Andrew. "N Is Never Large," Statistical Modeling, Causal Inference, and Social Science, last modified July 31, 2005,
http://andrewgelman.com/2005/07/31/n_is_never_larg/.

[2] Halevy, Alon, Peter Norvig, and Fernando Pereira. "The Unreasonable Effectiveness of Data," *IEEE Intelligent Systems* 24, no. 2 (March/April 2009): 8-12.

[3] Lin, Jimmy, and Alek Kolcz. "Large-Scale Machine Learning at Twitter." In Proceedings of the 2012 ACM SIGMOD International Conference on Management of Data (Scottsdale, AZ: May 2012), 793–804.

[4] Kahneman, Daniel. *Thinking, Fast and Slow*. New York: Farrar, Straus and Giroux,

2011.（邦訳）ダニエル・カーネマン 著．村井章子 訳．『ファスト&スロー：あなたの意思はどのように決まるか？ 上・下』．早川書房．2004.

[5] Patil, Anand, David Huard, and Christopher J. Fonnesbeck. "PyMC: Bayesian Stochastic Modelling in Python," *Journal of Statistical Software* 35, no. 4 (2010): 1–81.

[6] Cronin, Beau. "Why Probabilistic Programming Matters," last modified March 24, 2013, https://plus.google.com/u/0/107971134877020469960/posts/KpeRdJKR6Z1.

2

PyMCについてもう少し
A Little More on PyMC

2.1 はじめに

この章ではPyMCの構文とデザインパターンについてもう少し詳しく解説し，ベイズ主義の観点からシステムをモデリングする考え方について説明する．また，自分のベイズモデルがどの程度よくデータを説明するのかを可視化するための方法も紹介する．

2.1.1 親子関係

ベイズ主義における変数間の関連性を説明するために（またPyMCのドキュメントと用語をそろえるために），「親変数（parent variable）」と「子変数（child variable）」を導入する．

- **親変数**は，他の変数に影響を与える変数である．
- **子変数**は，他の変数（つまり親変数）から影響を受ける変数である．

ある変数は親変数にも子変数にもなれる．たとえば以下のPyMCコードを見てみよう．

```
import pymc as pm

lambda_ = pm.Exponential("poisson_param", 1)

# これは次の変数を生成する関数呼び出しに使われている．
data_generator = pm.Poisson("data_generator", lambda_)
data_plus_one = data_generator + 1
```

lambda_はdata_generatorのパラメータを制御し，それが生成する値に影響を与

える．前者 lambda_ が後者 data_generator の親である．逆に data_generator は lambda_ の子である．

同様に，data_generator は変数 data_plus_one の親である（つまり data_generator は親変数でもあり子変数でもある）．また，わかりにくいかもしれないが，data_plus_one は，他の PyMC 変数である data_generator の関数になっているので，data_generator の子変数であり，PyMC 変数として扱われる．

このような呼び名は，PyMC でのモデリングにおいて関係性を記述するときに役に立つ．ある変数がもつ children 属性と parents 属性から，その変数の子変数と親変数にアクセスできる．

```
print("Children of lambda_: ")   # lambda_ の子は？
print(lambda_.children, "\n")

print("Parents of data_generator: ")   # data_generator の親は？
print(data_generator.parents, "\n")

print("Children of data_generator: ")   # data_generator の子は？
print(data_generator.children)
```

```
[Output]:

Children of 'lambda_':
set([<pymc.distributions.Poisson 'data_generator' at 0x10e093490>])

Parents of 'data_generator':
{'mu': <pymc.distributions.Exponential 'poisson_param' at 0x10e093610>}

Children of 'data_generator':
set([<pymc.PyMCObjects.Deterministic '(data_generator_add_1)' at 0x10e093150>])
```

当然ながら，ある変数が複数の親変数をもつ場合もあるし，複数の子変数をもつ場合もある．

2.1.2　PyMC 変数

すべての PyMC 変数は，value（値）プロパティをもっている．このプロパティの値は，その変数の現在の（場合によってはランダムな）内部状態である．もし変数が子変数であれば，親変数の値が与えられたら，その子変数の値も変わる．先程と同じ変数を使ってみよう．

```
print("lambda_.value =", lambda_.value)
print("data_generator.value =", data_generator.value)
print("data_plus_one.value =", data_plus_one.value)
```

```
[Output]:

lambda_.value = 1.0354800596
data_generator.value = 4
data_plus_one.value = 5
```

PyMC 変数には stochastic（確率的）と deterministic（決定的）の 2 種類がある．

- **stochastic 変数**は，決定的ではない変数である．つまり（その変数に親変数があるとして）親変数の値を知っていたとしても，その変数の値は依然としてランダムである．このカテゴリに属するクラスには Poisson クラス（ポアソン分布），DiscreteUniform クラス（一様分布），Exponential クラス（指数分布）がある．

- **deterministic 変数**は，親変数の値がわかっていれば，その値が決まる変数である．はじめのうちは紛らわしいかもしれない．次のように考えてみよう．「変数 foo のすべての親変数の値がわかったら，foo の値を決定できるのか？」もしそうなら，foo は deterministic 変数である．

stochastic 変数の初期化

stochastic 変数を初期化するための関数の第 1 引数は，変数の名前を表す文字列である．第 2 引数以降にクラス固有の追加引数を渡すことができる．次の例を見てみよう．

```
discrete_uni_var = pm.DiscreteUniform("discrete_uni_var", 0, 4)
```

ここで，0, 4 は DiscreteUniform クラスに固有の引数で，確率変数の値がとりうる下限と上限である．PyMC のドキュメント[1]には，stochastic 変数に固有のパラメータが載っている．IPython を使っているなら，ヘルプや??を使ってみよう．

```
discrete_uni_var??
help(discrete_uni_var)
```

引数に渡す名前は，事後分布を使うときに後々必要になるので，できるだけわかりやすい名前を付けたほうがよい．私の場合，普通は Python 変数の名前をそのまま使うこ

---

[1] http://pymc-devs.github.com/pymc/distributions.html

とにしている．

複数のstochastic変数を扱う多変量解析の問題では，NumPy arrayをつくるよりも，`size` キーワードを指定してstochastic変数を生成したほうがよい．これで（独立した）stochastic変数のarrayが作成できる．このarrayはNumPy arrayと同じように扱えて，`value` 属性を参照するとNumPy arrayを返す．

`size` キーワードを用いた方法は，β_i $(i=1,...,N)$ のようにたくさんの変数をモデリングしたい場合に便利である．たとえば

```
beta_1 = pm.Uniform("beta_1", 0, 1)
beta_2 = pm.Uniform("beta_2", 0, 1)
...
```

のようにそれぞれ別個の変数を作成するよりも，

```
betas = pm.Uniform("betas", 0, 1, size=N)
```

とすれば，全部まとめて一つの変数で扱える．

random()を呼び出す

stochastic変数の`random()`メソッドを呼び出せば，（親変数の値に依存した）新しいランダムな値が一つ返される（サンプリングされる）．これを，第1章で使ったメッセージ受信数の例で試してみよう．

```
lambda_1 = pm.Exponential("lambda_1", 1)   # 前半の事前分布
lambda_2 = pm.Exponential("lambda_2", 1)   # 後半の事前分布
tau = pm.DiscreteUniform("tau", lower=0, upper=10)  # 変化点の事前分布

print("Initialized values...")   # 初期値
print("lambda_1.value = %.3f" % lambda_1.value)
print("lambda_2.value = %.3f" % lambda_2.value)
print("tau.value = %.3f" % tau.value)

lambda_1.random()
lambda_2.random()
tau.random()

print()
print("After calling random() on the variables...")   # random の後では
print("lambda_1.value = %.3f" % lambda_1.value)
print("lambda_2.value = %.3f" % lambda_2.value)
```

```
print("tau.value = %.3f" % tau.value)
```

```
[Output]:

Initialized values...
lambda_1.value: 0.813
lambda_2.value: 0.246
tau.value: 10.000

After calling random() on the variables...
lambda_1.value: 2.029
lambda_2.value: 0.211
tau.value: 4.000
```

上記のように random() を呼び出せば，その変数の value 属性に新しい値が保存される．

deterministic 変数

PyMC でモデリングする変数のほとんどは stochastic なので，それらと区別するために，deterministic 変数には pymc.deterministic ラッパーを使う（デコレータという Python ラッパーについてよく知らなくても問題ない．単に pymc.deterministic デコレータを変数の前につけていると思えばよい）．以下のような Python 関数が，deterministic 変数の宣言になる．

```
@pm.deterministic
def some_deterministic_var(v1=v1,):
    # これで OK
```

以降ではどんな場合でも，オブジェクト some_deterministic_var を，Python 関数としてではなく，変数として扱う．

このようにラッパーを宣言の前につけるのが，deterministic 変数を作成する一番簡単なやり方だが，これ以外にもやり方がある．基本的な演算子（加算，指数関数など）は暗黙のうちに deterministic 変数を作成している．たとえば，以下のコードは deterministic 変数を返す．

```
type(lambda_1 + lambda_2)
```

```
[Output]:

pymc.PyMCObjects.Deterministic
```

実は，deterministic ラッパーは第 1 章のメッセージ受信数の例ですでに登場している．λ のモデルは以下のようになっていたことを思い出してほしい．

$$\lambda = \begin{cases} \lambda_1 & (t < \tau \text{のとき}) \\ \lambda_2 & (t \geq \tau \text{のとき}) \end{cases}$$

その PyMC コードは以下のようなものだった．

```
import numpy as np
n_data_points = 5  # 第 1 章ではデータ数は 70 程度だった.


@pm.deterministic
def lambda_(tau=tau, lambda_1=lambda_1, lambda_2=lambda_2):
    out = np.zeros(n_data_points)
    out[:tau] = lambda_1  # tau より前の lambda は lambda_1
    out[tau:] = lambda_2  # tau から後の lambda は lambda_2
    return out
```

もし $\tau, \lambda_1, \lambda_2$ がわかっていれば，λ の値が完全に決まってしまうのは明らかである．つまり，lambda_ は deterministic 変数である．

deterministic デコレータの中へと渡された stochastic 変数は，普通の stochastic 変数とは異なり，スカラー（もし多変量なら Numpy array）のように振る舞う．たとえば，次のコードを実行してみよう．

```
@pm.deterministic
def some_deterministic(stoch=discrete_uni_var):
    return stoch.value**2
```

これは，変数 stoch は属性 value をもっていない，という AttributeError を返す．ここでは単に stoch**2 と書けばよい．学習ステップでは，stochastic 変数そのものではなく，その value の値が渡されることになる．

deterministic 関数の宣言では，各変数をキーワード引数で渡していることに注意してほしい．これは必須の手順で，すべての変数は必ずキーワード引数で受け渡さなければならない．

2.1.3　モデルに観測を組み込む

　この時点ですでに，この問題に対する事前分布の指定が完了している．だから，たとえば図 2.1 に示すように，「λ の事前分布はどんな形？」という質問に答えることができる．

```
from IPython.core.pylabtools import figsize
from matplotlib import pyplot as plt
%matplotlib inline
import numpy as np
figsize(12.5, 4)

samples = [lambda_1.random() for i in range(20000)]
plt.hist(samples, bins=70, normed=True, histtype="stepfilled")

plt.title("Prior distribution for $\lambda_1$")
plt.xlabel("Value")        # 値
plt.ylabel("Density")      # 密度
plt.xlim(0, 8)
```

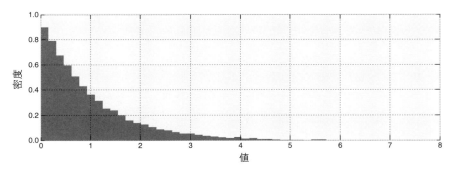

図 **2.1**　λ_1 の事前分布

　第 1 章の言い方を使えば，（厳密にはやや語弊があるが）私たちは $P(A)$ を指定したことになる．次のゴールは，データ（もしくは証拠や観測と言ってもいい）X をモデルに組み込むことである．次はこれに取り掛かろう．

　PyMC の stochastic 変数には observed（観測済み）というキーワード引数もある（型は bool で，デフォルトは False）．observed キーワードの役割はとても単純だ．変数の現在の値を固定する，つまり value を変更不可（immutable）にするのである．そのため変数作成時に，取り込みたい観測値を，array（もちろん高速化のために NumPy array を使うべきだろう）として value の初期値に設定する必要がある．

```
data = np.array([10, 5])
```

```
fixed_variable = pm.Poisson("fxd", 1, value=data, observed=True)
print("value: ", fixed_variable.value)  # value の表示
print("calling .random()")  # .random() の呼び出し

fixed_variable.random()
print("value: ", fixed_variable.value)  # value の表示
```

```
[Output]:

value:  [10  5]
calling .random()
value:  [10  5]
```

これがモデルに観測データを組み込む方法である．つまり，stochastic 変数を固定値に初期化するのである．

さらに PyMC 変数 obs を観測データセットに設定すれば，メッセージ受信数のベイズモデルの完成だ．

```
# ここではダミーのデータを使っている．
data = np.array([10, 25, 15, 20, 35])
obs = pm.Poisson("obs", lambda_, value=data, observed=True)
print(obs.value)
```

```
[Output]:

[10 25 15 20 35]
```

2.1.4　最後に

最後に，作成した変数をすべて pm.Model クラスで包んでしまう．この Model クラスを使うと，一つのユニットとして変数を分析できるのだ．ただしこれは必須の処理ではない．当てはめ (fitting) アルゴリズムには，Model クラスではなく変数の array を渡すこともできるからだ．以降の例では，Model クラスを使ったり使わなかったりしている．

```
model = pm.Model([obs, lambda_, lambda_1, lambda_2, tau])
```

このモデルの出力については，1.4.1 項の例を参考にしてほしい．

2.2　モデリングのアプローチ

ベイズモデリングをしようとするときには，まず「自分が扱うデータがどのように生成

されたのだろうか」と考えるとよい．自分が全知全能だと仮定して，自分ならそのデータをどのようにつくり出すだろうか，と考えてみよう．

第 1 章ではメッセージ受信数データを扱った．そのときには，このデータ（観測）はどのように生成されたのだろうか，とまずは考えた．

1. 最初に考えたのは，「計数データにぴったりの確率変数はどれだ？」ということだった．そして，ポアソン分布が計数データを表現できるので，それを採用した．つまり，メッセージ受信数がポアソン分布からのサンプルだというモデルを立てた．
2. 次は「OK，メッセージ受信数がポアソン分布だとしよう．じゃあポアソン分布には何が必要なんだ？」と考えた．そう，ポアソン分布にはパラメータ λ がある．
3. λ の値はわかっているんだっけ？　いや，わからない．しかも，λ の値には前半と後半の 2 種類あるのではないか，と予想した．振る舞いの変化がいつ起こるのかは知らないが，その変化点を τ と呼んだのだ．
4. 二つの λ のための確率分布には何がふさわしいだろう？　正の実数のための確率分布である指数分布がよさそうだ．そういえば，指数分布にもパラメータがあった．α だ．
5. α の値はわかっているんだっけ？　いや，わからない．ここでも，α に対して確率分布を考えることもできるのだが，α の影響は無視できる程度なので，それはやめよう．λ の値については信念（「たぶん，時間が経つにつれて変わるだろう」「10 から 30 かも」）をもっているのだが，α についてはそこまで強い信念をもっているわけではない．だからモデリングはおしまいでいいだろう．

    ではどんな値が α にふさわしいだろう？　λ が 10 から 30 の間だと考えるとする．もしあまりに小さい値を α に設定してしまうと（大きい値に高い確率を割り当てることになり），考えている事前分布には合わなくなってしまう．同様に，大きすぎる値を α に設定してしまってもダメだ．事前分布を反映するようなちょうど良い α の値として，いいアイデアがある．与えられた α に対して，λ の平均値が観測データの平均になるようにする，というものだ．第 1 章ではこれを使った．
6. τ が何日目になるのかについては，アイデアは何もない．だから，τ は一様分布に従うとしよう．

図 2.2 はこの考え方をグラフとして表現したグラフィカルモデルであり，矢印は親子関係を表す（Python ライブラリの Daft (http://daft-pgm.org/) を使って作成した）．

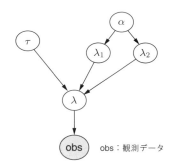

図 2.2　データが生成される過程を表現するグラフィカルモデル

PyMC やその他の確率的プログラミング言語は，このようなデータ生成過程の「物語」を表現するように設計されている．このことをより一般的に，クローニン[1] は次のように述べている．

> 確率的プログラミングによって，データの生成過程を物語ることができるようになる．データの出自を語れるようになるということは，ビジネスデータ分析が目指す最上の説明手段であり，科学的発見を可能にする隠れた立役者でもある．人々は物語を通して考える．そのため，確固たる根拠があってもなくても，単なる逸話でさえ意思決定を左右してしまうことがある．しかし，既存の分析方法では，このようなデータ生成過程を物語ることができない．どこからともなく数字だけが現れて，人々が選択肢を比べるときに望むような，因果関係にまつわる情報は得られない．

2.2.1　同じ物語，異なる結末

面白いことに，その物語をなぞれば，新しいデータを生成することができる．たとえば，上記の六つのステップを逆にたどれば，新しいデータセットの生成過程をシミュレーションすることができる．

以下では，PyMC の関数を使って確率変数を生成する（これは stochastic 変数ではない）．rdiscrete_uniform 関数は（numpy.random.randint と同様に）離散一様分布からサンプリングした値を返す．

1. ユーザーの振る舞いが変化する変化点を DiscreteUniform$(0, 80)$ からサンプリングする．

```
tau = pm.rdiscrete_uniform(0, 80)
print(tau)
```

[Output]:

29

2. 指数分布 $\mathrm{Exp}(\alpha)$ から λ_1 と λ_2 をサンプリングする.

```
alpha = 1. / 20.
lambda_1, lambda_2 = pm.rexponential(alpha, 2)
print(lambda_1, lambda_2)
```

[Output]:

27.5189090326 6.54046888135

3. 日付 τ より前は $\lambda = \lambda_1$, 日付 τ より後は $\lambda = \lambda_2$ とする.

```
lambda_ = np.r_[lambda_1 * np.ones(tau),
                lambda_2 * np.ones(80 - tau)]
print(lambda_)
```

[Output]:

[27.519   27.519   27.519   27.519   27.519   27.519   27.519   27.519   27.519
  27.519   27.519   27.519   27.519   27.519   27.519   27.519   27.519   27.519
  27.519   27.519   27.519   27.519   27.519   27.519   27.519   27.519   27.519
  27.519   27.519   6.54   6.54   6.54   6.54   6.54   6.54   6.54
   6.54   6.54   6.54   6.54   6.54   6.54   6.54   6.54   6.54
   6.54   6.54   6.54   6.54   6.54   6.54   6.54   6.54   6.54
   6.54   6.54   6.54   6.54   6.54   6.54   6.54   6.54   6.54
   6.54   6.54   6.54   6.54   6.54   6.54   6.54   6.54   6.54
   6.54   6.54   6.54   6.54   6.54   6.54   6.54]

4. $\mathrm{Poi}(\lambda_1)$ から(日付 τ より後なら $\mathrm{Poi}(\lambda_2)$ から)サンプリングする.たとえば以下のようにする.

```
data = pm.rpoisson(lambda_)
print(data)
```

[Output]:

[36 22 28 23 25 18 30 27 34 26 33 31 26 26 32 26 23 32 33 33 27 26 35 20 32
 44 23 30 26 9 11 9 6 8 7 1 8 5 6 5 9 5 7 6 5 11 5 5 10 9
  4 5 7 5 9 8 10 5 7 9 5 6 3 8 7 4 6 7 7 4 5 3 5 6 8
 10 5 6 8 5]

2.2 モデリングのアプローチ

5. シミュレーションで生成したデータセットをプロットする.

```
plt.bar(np.arange(80), data, color="#348ABD")
plt.bar(tau - 1, data[tau - 1], color="r",
        label="user behavior changed")  # 変化点

plt.xlabel("Time (days)")  # 経過日数
plt.ylabel("Text messages received")  # 受信メッセージ数
plt.title("Artificial dataset from simulating the model")
plt.xlim(0, 80)
plt.legend()
```

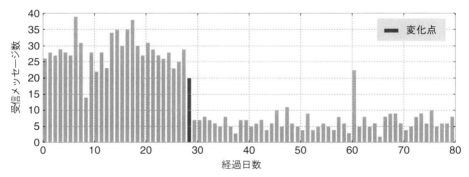

図 2.3　モデルをシミュレートして生成したデータ

図 2.3 のシミュレーションで生成したデータが, 本当のデータと似ていなくても間違いではない. むしろ, 似てしまうような確率は非常に小さい. PyMC は, この確率を最大にするようなパラメータ λ_i, τ を求めるように設計されている.

シミュレーションでデータを生成できるということは, ここでのモデリング方法の副産物であるが, このことがベイズ推論では非常に重要になってくる. 図 2.4 にはもういくつかのデータを生成してみたものを示す.

```
def plot_artificial_sms_dataset():
    tau = pm.rdiscrete_uniform(0, 80)
    alpha = 1. / 20.
    lambda_1, lambda_2 = pm.rexponential(alpha, 2)
    data = np.r_[pm.rpoisson(lambda_1, tau),
                 pm.rpoisson(lambda_2, 80 - tau)]
    plt.bar(np.arange(80), data, color="#348ABD")
    plt.bar(tau - 1, data[tau - 1], color="r",
            label="user behavior changed")  # 変化点
    plt.xlim(0, 80)
```

```
figsize(12.5, 5)
plt.suptitle("More examples of artificial datasets "
             "from simulating our model")

for i in range(4):
    plt.subplot(4, 1, i + 1)
    plt.xlabel("Time (days)")   # 経過日数
    plot_artificial_sms_dataset()
```

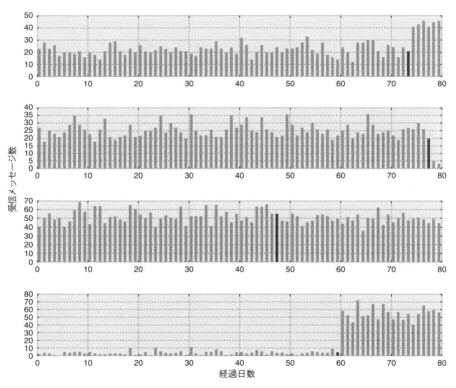

図 2.4 モデルをシミュレートして生成した別のデータの例

後々，このことを利用した，予測やモデルの妥当性のテストの方法について見ていくことになる．

2.2.2 例題：ベイズ的 A/B テスト

A/B テストとは，二つの異なる処置の効果の差を決定する統計処理のツール，いわばデザインパターンである．たとえば，製薬会社が薬 A と薬 B の効果の違いを知りたい

としよう．会社は患者グループを二つに分割し，一方に薬 A をテストし，もう一方に薬 B をテストする（割合は 50%/50% とするのが普通であるが，以下ではこの仮定を緩めよう）．この試験を十分繰り返したら，どちらの薬が良い結果を出したのかを決めるために，製薬会社の統計学者がその効果を測定する．

似たような状況はほかにもある．フロントエンドのウェブ開発者が知りたいのは，どちらのウェブサイトのコンバージョン（訪問者が登録した，購入した，何かのアクションを起こした，等）が良いのか，である．そこで，訪問者の何人かをサイト A へ誘導し，他の訪問者を（違うデザインの）サイト B へ誘導し，そしてコンバージョンが発生したかどうかを記録する．多数のデータを収集したら，記録したコンバージョンを分析する．

A/B テストの鍵は，グループ間での差を一つだけに絞ることだ．そうすれば，（ドラッグの効果やコンバージョンなどの）指標に違いが出れば，それはグループ間の差が原因であることがわかる．

実験後の分析として，平均値の差の検定や母比率の差の検定などの「仮説検定」が行われることも多い．その場合には，誤解されがちな「Z スコア」や，混乱のもとになる「p 値」などが使われる（その説明は本書ではご容赦ねがいたい）．統計学の授業を受けた読者なら，これらの内容を勉強したことがあるだろう（もっとも習得したとは限らないが）．私にとってはそうだったが，その数式の導出は理解しやすいものではない．ベイズ的なアプローチのほうがもっと自然だ．

2.2.3 単純な場合

本書の読者の多くはプログラマーだと思うので，ウェブ開発者の例を続けよう．まずサイト A の分析に取り掛かろう．サイト A を見せられたユーザーが最終的にコンバージョンにつながる確率を p_A と仮定する．これがサイト A の実際の有効性である．実際にはその確率はわからない．

ここで，N 人がサイト A を見せられて，そのうち n 人がコンバージョンにつながったとする．そうすると $p_A = n/N$ だと思いたくなるかもしれないが，残念ながら「観測された頻度」n/N が p_A と等しいとは限らない．観測された頻度と真の頻度には差がある．真の頻度はイベント（事象）が発生する確率と解釈できる．たとえば，サイコロを振って 1 が出る真の頻度は 1/6 だが，実際にはサイコロを 6 回振っても 1 が出ないかもしれず，それが観測された頻度となるのだ．そのほか，以下のようなイベントについても，真の頻度を求めなければならない．

- 購入したユーザーの割合

- ある特性をもつ人口の比率
- 猫を飼っているネットユーザーの割合
- 明日の天気が雨である確率

残念ながら，現実は複雑すぎるしノイズも避けられないので，真の頻度はわからない．そのため，観測されたデータから推定するしかない．ベイズ統計を使えば，適切な事前分布と観測データをもとにして，真の頻度の妥当な値を推論することができる．ウェブサイトのコンバージョンの例では，観測された値である N（全訪問者数）と n（コンバージョン数）からコンバージョンの真の頻度を推定することになる．

ベイズモデルを設定するためには，未知数についての事前分布を設定しなければならない．データを観測していないときに，私たちは p_A の値についてどう思っているだろうか？ この例では p_A の値については何の確信もないので，$[0,1]$ の一様分布に従うと仮定しよう．

```
import pymc as pm

# 一様分布のパラメータは下限と上限
p = pm.Uniform('p', lower=0, upper=1)
```

たとえば，$p_A = 0.05$ であり，$N = 1,500$ ユーザーがサイト A を見せられたと仮定する．そしてユーザーが購入したかどうかをシミュレートする．N 回の試行をシミュレートするために，**ベルヌーイ分布**（Bernoulli distribution）を使おう．ベルヌーイ分布は二値変数（0 か 1 のどちらかをとる変数）についての確率分布であり，ここでの観測は二値（コンバージョンしたかしなかったか）なので，ちょうどよい．形式的な定義は，$X \sim \text{Ber}(p)$ のとき，X は確率 p で 1，確率 $1-p$ で 0 である，というものだ．もちろん実際には p_A を知らないが，ここではそれを知っていると仮定して，人工データをシミュレーションで生成することになる．

```
# 定数をセット
p_true = 0.05  # 本当ならこの値はわからない.
N = 1500

# Ber(0.05) から N 個の値をサンプリングする.
# 各サンプルが 1 になる確率は 0.05.
# これはデータ生成ステップ.
occurrences = pm.rbernoulli(p_true, N)

print(occurrences)  # Python では True は 1, False は 0.
print(occurrences.sum())
```

```
[Output]:

[False False False False ..., False False False False]
85
```

観測された頻度は以下のようになる.

```python
# occurrences.mean() は n/N に等しい.
print("What is the observed frequency in Group A? %.4f"
      % occurrences.mean())    # サイト A の観測頻度
print("Does the observed frequency equal the true frequency? %s"
      % (occurrences.mean() == p_true))    # 観測頻度が真の頻度と一致したか？
```

```
[Output]:

What is the observed frequency in Group A? 0.0567
Does the observed frequency equal the true frequency? False
```

観測データを PyMC の obs 変数に設定して推論アルゴリズムを実行する.

```python
# ベルヌーイ分布に従う確率変数を観測済みにする.
obs = pm.Bernoulli("obs", p, value=occurrences, observed=True)

# 以下は第 3 章で説明する.
mcmc = pm.MCMC([p, obs])
mcmc.sample(20000, 1000)
```

```
[Output]:

[-----------------100%-----------------] 20000 of 20000 complete in 2.0 sec
```

図 2.5 に,未知数 p_A の事後分布のプロットを示す.

```python
figsize(12.5, 4)

plt.vlines(p_true, 0, 90, linestyle="--",
           label="true $p_A$ (unknown)")    # 真の $p_A$ (未知)
plt.hist(mcmc.trace("p")[:],
         bins=35, histtype="stepfilled", normed=True)

plt.title("Posterior distribution of $p_A$, "
          "the true effectiveness of site A")
```

```
plt.xlabel("Value of $p_A$")  # p_A の値
plt.ylabel("Density")  # 密度
plt.legend()
```

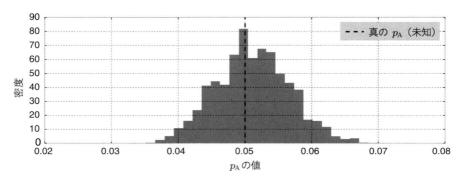

図 2.5　p_A の事後分布．p_A はサイト A の真の有効性を表す．

　得られた事後分布は，観測データからして p_A の真の値はこのあたりだろう，という値で大きくなっている．分布が大きな値を示していれば，真の値である確率が高い．観測数 N を変えて，この事後分布がどう変化するかを見てみるといいだろう（ところで，y 軸の値が 1 より大きくなっているのはなぜだかわかるだろうか？　素晴らしい答えは [2] を参照してほしい[◆1]）．

2.2.4　A と B を一緒に

　サイト B についても同じように分析すれば，p_B の事後確率を求めることができる．実際に知りたいのは，p_A と p_B の差である．そのために，ここでは p_A と p_B に delta $= p_A - p_B$ も加え，三つをまとめて推論しよう．それには PyMC の deterministic 変数を使えばよい．ここでは $p_B = 0.04$ と仮定しよう（本当はわからないが）．すると delta $= 0.01$ になる．また，$N_B = 750$（N_A は 1,500 だからその半分）とする．それではサイト A の分析でやったのと同じようにして，サイト B のデータをシミュレーションで生成しよう．

```
import pymc as pm
figsize(12, 4)

# 以下の二つの値は未知数であり，本来はわからない．
true_p_A = 0.05
true_p_B = 0.04
```

[◆1] 訳注：日本の読者は，たとえば http://mathtrain.jp/pmitsudo などを参照してほしい．

```python
# サンプルサイズがかなり違うが，これはベイズ解析では問題ない．
N_A = 1500
N_B = 750

# 観測データを生成
observations_A = pm.rbernoulli(true_p_A, N_A)
observations_B = pm.rbernoulli(true_p_B, N_B)

# 最初の 30 個だけ表示
print("Obs from Site A: ", observations_A[:30].astype(int), "...")
print("Obs from Site B: ", observations_B[:30].astype(int), "...")
```

```
[Output]:

Obs from Site A:  [0 0 0 0 0 0 0 0 0 0 0 0 0 0 0 0 0 0 0 0 0 0 0 0 1 0 0 0 0
                  0] ...
Obs from Site B:  [0 0 0 0 0 0 0 0 0 0 0 0 0 0 0 0 0 0 0 0 0 0 0 0 0 0 0 0 0
                  0] ...
```

```python
print(observations_A.mean())   # それぞれの平均を表示
print(observations_B.mean())
```

```
[Output]:

0.0506666666667
0.0386666666667
```

```python
# PyMC モデルの設定
# ここでも p_A と p_B の事前分布は一様分布と仮定する．
p_A = pm.Uniform("p_A", 0, 1)
p_B = pm.Uniform("p_B", 0, 1)

# deterministic 変数の delta の宣言．これも推論する．


@pm.deterministic
def delta(p_A=p_A, p_B=p_B):
    return p_A - p_B

# 観測データの設定：今回の観測データセットは二つ
obs_A = pm.Bernoulli("obs_A", p_A,
                     value=observations_A, observed=True)
obs_B = pm.Bernoulli("obs_B", p_B,
```

```
                        value=observations_B, observed=True)
# 以下は第 3 章で説明する.
mcmc = pm.MCMC([p_A, p_B, delta, obs_A, obs_B])
mcmc.sample(25000, 5000)
```

```
[Output]:

[-----------------100%-----------------] 25000 of 25000 complete
    in 3.8 sec
```

この三つの未知数の事後分布を図 2.6 に示す.

```
p_A_samples = mcmc.trace("p_A")[:]
p_B_samples = mcmc.trace("p_B")[:]
delta_samples = mcmc.trace("delta")[:]

figsize(12.5, 10)

# 事後確率分布

ax = plt.subplot(311)
plt.hist(p_A_samples, histtype='stepfilled', bins=30, alpha=0.85,
         label="posterior of $p_A$",   # p_A の事後分布
         color="#A60628", normed=True)
plt.vlines(true_p_A, 0, 80, linestyle="--",
           label="true $p_A$ (unknown)")  # 真の p_A （未知数）
plt.legend(loc="upper right")
plt.xlim(0, .1)
plt.ylim(0, 80)
plt.suptitle("Posterior distributions of "
             "$p_A$, $p_B$, and delta unknowns")

ax = plt.subplot(312)
plt.hist(p_B_samples, histtype='stepfilled', bins=30, alpha=0.85,
         label="posterior of $p_B$",   # p_B の事後分布
         color="#467821", normed=True)
plt.vlines(true_p_B, 0, 80, linestyle="--",
           label="true $p_B$ (unknown)")  # 真の p_B （未知数）
plt.legend(loc="upper right")
plt.ylim(0, 80)
plt.xlim(0, .1)
plt.ylabel("Density")   # 密度

ax = plt.subplot(313)
plt.hist(delta_samples, histtype='stepfilled', bins=30, alpha=0.85,
```

```
            label="posterior of delta",  # delta の事後分布
            color="#7A68A6", normed=True)
plt.vlines(true_p_A - true_p_B, 0, 60, linestyle="--",
           label="true delta (unknown)")  # 真の delta （未知数）
plt.vlines(0, 0, 60, color="black", alpha=0.2)
plt.xlabel("Value")  # 値
plt.legend(loc="upper right")
```

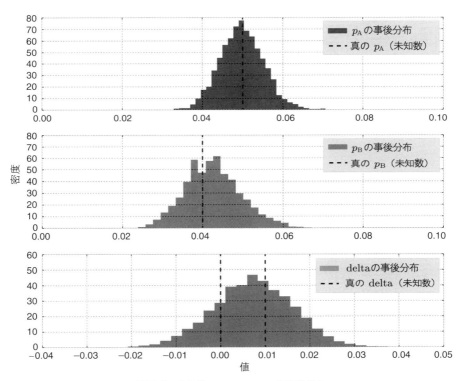

図 2.6 未知数 p_A, p_B, delta の事後分布

ここで，サイト B についてのデータが少ない（つまり N_B < N_A）ために，p_B の分布のほうが裾野が広くなっている．これは，p_A の真の値について確信しているほどには，p_B については確信していないことを意味している．このことは，二つのグラフを一つの図にプロットすればもっとよくわかる（図 2.7）．

```
figsize(12.5, 3)

# 事後分布
```

```
plt.hist(p_A_samples, histtype='stepfilled', bins=30, alpha=0.80,
         label="posterior of $p_A$",      # p_A の事後分布
         color="#A60628", normed=True)
plt.hist(p_B_samples, histtype='stepfilled', bins=30, alpha=0.80,
         label="posterior of $p_B$",      # p_B の事後分布
         color="#467821", normed=True)

plt.legend(loc="upper right")
plt.xlabel("Value")        # 値
plt.ylabel("Density")      # 密度
plt.title("Posterior distributions of $p_A$ and $p_B$")
plt.ylim(0, 80)
plt.xlim(0, .1)
```

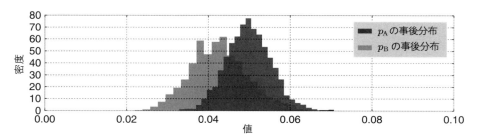

図 2.7　p_A と p_B の事後分布

delta の事後分布については，図 2.6 からわかるように，大部分が delta = 0 よりも右にある．これはつまり，サイト A の反応のほうがサイト B よりも良いということを示している．この推論が間違っている確率は，簡単に計算できる．

```
# 0 より小さいサンプルの数を数える．
# つまり，delta の事後分布曲線の 0 より左側の面積．
# これはサイト A がサイト B よりも悪い確率を表す．
print("Probability site A is WORSE than site B: %.3f"
      % (delta_samples < 0).mean())   # サイト A がサイト B よりも悪い確率
print("Probability site A is BETTER than site B: %.3f"
      % (delta_samples > 0).mean())   # サイト A がサイト B よりも良い確率
```

```
[Output]:

Probability site A is WORSE than site B: 0.102
Probability site A is BETTER than site B: 0.897
```

もし1行目の確率が高すぎて安心して意思決定ができないなら，サイトBのデータをもっと増やせばよい（もともとサイトBのデータは少なかったので，サイトAのデータを増やすよりもサイトBのデータを増やすほうが推論の質が上がるのだ）．

パラメータ true_p_A, true_p_B, N_A, N_B をいろいろと変えてみて，delta の事後分布がどう変わるのかを見てみよう．ところで，ここまでサイトAとサイトBのサンプル数の違いを気にしてこなかったが，これはベイズ分析のなかに自然に取り込まれているので，とくに考慮せずに済むのである．

これで，仮説検定よりもベイズ推論によるA/Bテストのほうがわかりやすいことを感じ取ってもらえたと思う（仮説検定は，私に言わせれば現場に役立つよりも，むしろ現場を混乱させてきた）．第5章では，このモデルの拡張を2種類紹介する．一つは動的にサイトを改善するためのもので，もう一つは分析を単一の方程式へと減らすことで計算を速くするものだ．

2.2.5　例題：嘘に対抗するアルゴリズム

ソーシャルデータにはさらに興味深い性質が加わる．人々はいつも正直とは限らないので，推論はより難しくなるのだ．たとえば，「あなたは今までにカンニングをしたことがありますか？」という質問に正直に答えない人は何割かいるだろう．この場合に，真の頻度が観測された頻度よりも小さい，ということには，どれだけの確信をもてるだろうか？　（ここでは，「カンニングをしたことはない」という嘘だけを考える．したことはないのに「しました」と嘘をつく人がいるとは考えにくいからだ）

ベイズモデルを使うと，この不正直さの問題をエレガントに解決することができる．その方法を説明するために，まずは二項分布を紹介する．

2.2.6　二項分布

二項分布（binomial distribution）はよく使われる分布であり，単純だが有用である．これまでに紹介した他の分布とは異なり，二項分布のパラメータは二つある．試行回数（もしくはイベントが発生する回数）を表す N と，1回の試行で一つのイベントが発生する確率 p である．二項分布はポアソン分布と同様に離散分布であるが，ポアソン分布とは異なり，0から N までの整数に確率を割り当てる（ポアソン分布は0から無限大までのすべての整数に確率を割り当てていた）．確率質量関数は次のようになる．

$$P(X = k) = \binom{N}{k} p^k (1-p)^{N-k}$$

X は確率変数で，p と N がパラメータである．$X \sim \text{Binomial}(N, p)$，つまり X が二項分布に従うとは，N 回の試行でイベントが発生した回数が X であることを意味する（ここで $0 \le X \le N$）．p が大きければ（もちろん 0 から 1 の間で），多くのイベントが発生しやすくなる．二項分布の期待値は Np である．パラメータを変えて二項分布の確率質量関数をプロットしたものを図 2.8 に示す．

```
figsize(12.5, 4)

import scipy.stats as stats
binomial = stats.binom

parameters = [(10, .4), (10, .9)]
colors = ["#348ABD", "#A60628"]

for i in range(2):
    N, p = parameters[i]
    _x = np.arange(N + 1)
    plt.bar(_x - 0.5, binomial.pmf(_x, N, p), color=colors[i],
            edgecolor=colors[i], alpha=0.6, linewidth=3,
            label="$N$: %d, $p$: %.1f" % (N, p))

plt.legend(loc="upper left")
plt.xlim(0, 10.5)
plt.xlabel("$k$")
plt.ylabel("$P(X = k)$")
plt.title("Probability mass distributions of "
          "binomial random variables")
```

$N = 1$ という特殊な場合には，ベルヌーイ分布となる．ベルヌーイ分布と二項分布の関係は，それだけではない．同じパラメータ p のベルヌーイ分布に従う N 個の確率変数

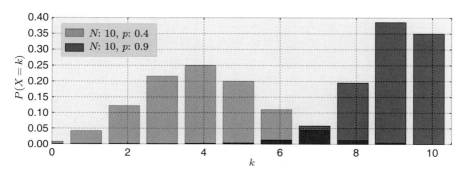

図 **2.8** 二項分布の確率質量関数

を $X_1, X_2, \ldots, X_N$ とすると，$Z = X_1 + X_2 + \cdots + X_N \sim \text{Binomial}(N, p)$，つまりそれらの和は二項分布に従うのである．

2.2.7 例題：カンニングをした学生の割合

この二項分布を使って，学生が試験中にカンニングする頻度を求めてみよう．試験を受験する全学生数を N とする．試験後に学生を面接して（ただし試験結果は伝えない），「はい，カンニングしました」という回答を得るイベントの回数を X とする．与えられた N, p についての何らかの事前分布，そして観測データ X に基づいて，p の事後分布を求めることになる．

もちろんこれはダメなモデルだ．何のペナルティもないとわかっていたとしても，カンニングしましたと言う学生はいるはずがない．カンニングしたかどうかを学生に聞くためには，もっとましな「アルゴリズム」が必要となる．理想的には，プライバシーを保ちつつ，個々の学生に正直に答えるように促すようなアルゴリズムがふさわしい．その解決策が以下のアルゴリズム[3]で，その天才的なアイデアと有用性にはまったくもって敬服する．

> 各学生の面接プロセスにおいて，面接官に見せないようにして，学生はコインを投げる．もしコインの表が出たら，学生は正直に答えることに同意しておく．もしコインの裏が出たなら，（もちろん見せないようにして）もう1回コインを投げる．そして，表が出たら「はい，カンニングしました」と答え，裏が出たら「いいえ，カンニングしていません」と答えることにしておく．このやり方なら，「はい，やりました」という答えが正直な告白なのか，それとも2回目のコイン投げで表が出たからなのかを，面接官は知ることはできない．これでプライバシーは保たれつつ，研究者は正直な答えを得ることになる．

私はこれをプライバシーアルゴリズムと呼んでいる．このアルゴリズムでは，「はい」という回答の何割かが真実の告白ではなくコイン投げの結果なのだから，面接官が得られるのはやっぱり不正確なデータであるように思えるだろう．言い方を変えれば，データの半分はコイン投げの結果なのだから，研究者たちはもとのデータセットの半分を捨ててしまっているとも言える．しかしながら，モデル化できるデータ生成過程を手に入れたと言うこともできる．さらに言えば，嘘の回答がある可能性を考えなくてもよいのである．PyMCを使えば，このノイズの多いモデルを利用して，嘘つきを考慮した真の頻度の事後分布を求めることができる．

100人の学生がカンニングをしたかどうかの面接調査を受けるとしよう．そこからカ

ンニングをした割合 p を求めたい．これを PyMC でモデル化するにはいくつかの方法
がある．まず一番ストレートな方法を紹介して，その後にもっと単純にしたバージョン
を紹介する．どちらも同じ推論結果にたどり着く．ここで考えるデータ生成過程では，
まずカンニングをした真の割合である p を事前分布からサンプリングする．この p につ
いてはまったくわからないため，一様分布 Uniform$(0, 1)$ を事前分布に採用しよう．

```
import pymc as pm
N = 100
p = pm.Uniform("freq_cheating", 0, 1)  # カンニングの割合
```

データ生成モデルに戻って考えよう．100 人の学生に対して，（1 ならその学生はカン
ニングをした，0 ならしていない，という）確率変数を割り当て，それはベルヌーイ分
布に従うとする．

```
true_answers = pm.Bernoulli("truths", p, size=N)  # 真実
```

プライバシーアルゴリズムでの次のステップは，それぞれの学生の 1 回目のコイン投
げだ．これをモデリングするために，$p = 1/2$ のベルヌーイ分布から 100 個の値（1 な
ら表，0 なら裏）をサンプリングする．

```
first_coin_flips = pm.Bernoulli("first_flips", 0.5, size=N)
print(first_coin_flips.value)
```

```
[Output]:

[False False  True  True  True False  True False  True  True  True  True
 False False False  True  True  True  True False  True False  True False
  True  True False False  True  True False  True  True  True False False
 False False False  True False  True  True False False False  True  True
  True False False  True False  True  True False  True False False  True
 False  True  True False False False False  True False  True False False
  True  True False  True  True False  True  True False  True False False
  True  True False  True  True False  True  True False  True False  True
  True  True  True  True]
```

2 回目のコイン投げを全員がやるわけではないが，同じコードを使ってこれをモデル
化できる．

```
second_coin_flips = pm.Bernoulli("second_flips", 0.5, size=N)
```

これらの変数を使って,「はい」という回答の割合の観測値を求めることができる.そのためには,以下のように deterministic 変数を使う.

```
@pm.deterministic
def observed_proportion(t_a=true_answers,
                        fc=first_coin_flips,
                        sc=second_coin_flips):
    observed = fc * t_a + (1 - fc) * sc
    return observed.sum() / float(N)
```

この 5 行目の fc*t_a + (1-fc)*sc がプライバシーアルゴリズムの核心部分である.この array の各要素は,(1) 最初のコイン投げが表で,その学生がカンニングをした,または (2) 最初のコイン投げが裏で,2 回目のコイン投げが表だった,という場合に限り 1 になる.そうでなければ 0 である.最後の 6 行目では,この array の要素を総和して float(N) で割り,割合を求めている.

```
print(observed_proportion.value)
```

```
[Output]:

0.26000000000000001
```

次は観測データを眺めてみよう.コイン投げを伴う面接をした結果,「はい」という回答の数は 35 だったとする.これを確率の観点で考えると,もし本当はカンニングがまったくなかったら,「はい」という回答は平均して 1/4 になるはずである (1/2 の確率で最初のコインが裏になり,1/2 の確率で 2 回目のコインが表になる).だから,カンニングがない世界では「はい」の数は約 25 になる.逆に全員がカンニングをしていたら,およそ 3/4 の回答が「はい」になる.

ここでは,パラメータが N = 100 と p = observed_proportion である二項分布の確率変数を観測して,回答は value = 35 だったとする.

```
X = 35
observations = pm.Binomial("obs", N, observed_proportion,
                           observed=True, value=X)
```

次は Model コンテナにこれらの変数を全部入れて,このモデルに(まだ解説していないので,この時点ではブラックボックスの)アルゴリズムを適用する.

```
model = pm.Model([p, true_answers,
```

```
                    first_coin_flips, second_coin_flips,
                    observed_proportion, observations])
# 以下は第 3 章で説明する．
mcmc = pm.MCMC(model)
mcmc.sample(40000, 15000)
```

```
[Output]:

[-----------------100%-----------------] 40000 of 40000 complete in 18.7 sec
```

```
figsize(12.5, 3)

p_trace = mcmc.trace("freq_cheating")[:]
plt.hist(p_trace, histtype="stepfilled",
        normed=True, alpha=0.85, bins=30, color="#348ABD",
        label="posterior distribution") # 事後分布
plt.vlines([.05, .35], [0, 0], [5, 5], alpha=0.3)

plt.xlim(0, 1)
plt.xlabel("Value of $p$") # p の値
plt.ylabel("Density") # 密度
plt.title("Posterior distribution of parameter $p$")
plt.legend()
```

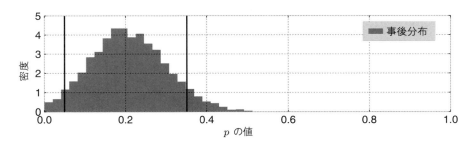

図 2.9 パラメータ p の事後分布

　図 2.9 を見ても，カンニングの真の頻度の値については，まだかなりの不確かさが残っている．それでも，その範囲は 0.05 から 0.35 の太い線の間に絞ることはできる．最初は何人ぐらいの学生がカンニングをしたのかはまったくわからなかったのだから（だからこそ一様分布を事前分布にしたのだった），これはかなりの成果だと言えるだろう．しかしながら，真の値が存在する範囲の幅が 0.3 もあるので，まだ全然ダメだとも言える．以上の分析で何かわかったことはあるのだろうか？　それとも真の頻度はまったくわか

らないままだろうか？

いや，わかることが一つある．それは，この事後分布によれば「カンニングがない」ことはありえないということだ．つまり，$p=0$ で事後確率が非常に小さくなっている．一様事前分布から始めたので，どの p の値も同じくらいありうるはずだったのが，観測データは $p=0$ という可能性を除外した．つまり，カンニングが存在したということが確信できるのである．

このようなアルゴリズムを使えば，ユーザーからプライベートな情報を集めることが可能になり，ノイズが多いとしてもデータは正しいことをある程度確信できる．

2.2.8 もう一つの PyMC モデル

以上の分析は，次のようなやり方でも実現できる．仮に p の値が与えられたとしたら，学生が「はい」と回答する確率を求めることができる．

$$\begin{aligned}P(\text{「はい」}) &= P(\text{最初のコイン投げが表})P(\text{カンニングをした}) \\ &\quad + P(\text{最初のコイン投げが裏})P(2\text{ 回目のコイン投げが表}) \\ &= \frac{1}{2}p + \frac{1}{2} \cdot \frac{1}{2} \\ &= \frac{p}{2} + \frac{1}{4}\end{aligned}$$

つまり，p を知っていれば，学生が「はい」と回答する確率を知っていることになる．PyMC では，p が与えられたら「はい」と回答する確率を評価する deterministic 関数をつくることができる．

```
p = pm.Uniform("freq_cheating", 0, 1)  # カンニングの割合


@pm.deterministic
def p_skewed(p=p):
    return 0.5 * p + 0.25
```

なお，基本的な加算とスカラー乗算は暗黙のうちに deterministic 変数を作成するので，ここでは p_skewed = 0.5*p + 0.25 と一行で書くこともできたが，わかりやすさを重視して，上のように deterministic 変数の模範的な宣言方法を使った．

学生数 $N=100$ が与えられていて，彼らが「はい」と回答する確率 p_skewed を知っているとする．このとき「はい」の回答数は，N と p_skewed をパラメータにもつ二項分布に従う確率変数になる．

ここで観測されたデータである「はい」の数 (35) を使う．そのためには pm.Binomial

の宣言で，value = 35 と observed = True を指定すればよい．

```
yes_responses = pm.Binomial("number_cheaters",  # 「はい」の数
                            100, p_skewed, value=35, observed=True)
```

次は Model コンテナにこれらの変数を全部入れて，このモデルに（ブラックボックスの）アルゴリズムを適用する．得られた事後分布を図 2.10 に示す．

```
model = pm.Model([yes_responses, p_skewed, p])

# 以下は第 3 章で説明する．
mcmc = pm.MCMC(model)
mcmc.sample(25000, 2500)
```

```
[Output]:

[-----------------100%-----------------] 25000 of 25000 complete in 2.0 sec
```

```
figsize(12.5, 3)

p_trace = mcmc.trace("freq_cheating")[:]
plt.hist(p_trace, histtype="stepfilled",
         normed=True, alpha=0.85, bins=30, color="#348ABD",
         label="posterior distribution")  # 事後分布
plt.vlines([.05, .35], [0, 0], [5, 5], alpha=0.2)

plt.xlim(0, 1)
plt.xlabel("Value of $p$")  # p の値
plt.ylabel("Density")  # 密度
plt.title("Posterior distribution of parameter $p$, "
          "from alternate model")
plt.legend()
```

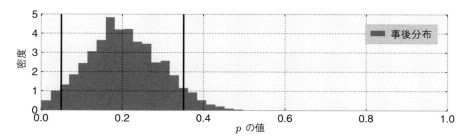

図 **2.10** 別モデルでの p の事後分布

2.2.9 PyMC の使い方をもう少し

上級者向け: Lambda クラスを使ってお手軽に deterministic 変数を扱う

ときには，@pm.deterministic デコレータを使って deterministic 関数を書くのは大げさで面倒に思えるかもしれない（関数が小さければとくに）．すでに説明したように，基本的な数学の演算子は暗黙のうちに deterministic 変数をつくり出すことができるのだが，インデキシングやスライシングはどうだろう？ 組み込みの Lambda 関数を使えば，たとえば以下のようにエレガントかつシンプルに解決できる．

```
beta = pm.Normal("coefficients", 0, 1, size=(N, 1))
x = np.random.randn(N, 1)
linear_combination = pm.Lambda("comb", lambda x=x,
                               beta=beta: np.dot(x.T, beta))
```

上級者向け: PyMC 変数の array

複数の異なる PyMC 変数を NumPy array に保存できない理由はない．以下のように，array の初期化時に，dtype を object に設定すればよい．

```
N = 10
x = np.empty(N, dtype=object)
for i in range(0, N):
    x[i] = pm.Exponential('x_%i' % i, (i + 1)**2)
```

本章の残りの部分では，実際の PyMC の使用例と PyMC モデリングの例を見ていこう．

2.2.10 例題：スペースシャトル「チャレンジャー号」の悲劇

1986 年 1 月 28 日，アメリカ合衆国スペースシャトルプログラム第 25 回目のフライトは悲劇に終わった．スペースシャトル「チャレンジャー号」のロケットブースターの一つが打ち上げ後すぐに爆発し，7 人の乗組員全員の命を奪ったのだ．事故調査大統領委員会は，ロケットブースターの溶接部の O リングの破損が原因であると結論づけた．この破損は，O リングが外気温などの様々な要因に対して容認できないほどに敏感であった，という設計上の欠陥に由来するものとされた．過去 24 回のフライトに対して O リング不良についてのデータは 23 回分あり（残りの一つは海に沈んだ），チャレンジャー号打ち上げ前日にこれらのデータについて議論が交わされていた．残念なことに，シャトルが損傷した 7 回のフライトのデータだけが重要だとみなされ，損傷と O リングの間に特段の関連性は見られない，と判断されていた．

データは challenger_data.csv である．このデータと問題のもともとの出典は McLeish and Struthers (2012)[4] であり，それを改変した [5] から拝借した．図 2.11 は，破損発生と外気温の関係を把握するためのプロットである（データは github から入手できる[*1]）．

```
from os import makedirs
makedirs("data", exist_ok=True)  # フォルダの作成

from urllib.request import urlretrieve
# データのダウンロード
urlretrieve("https://git.io/vXknD", "data/challenger_data.csv")
```

```
figsize(12.5, 3.5)
np.set_printoptions(precision=3, suppress=True)
challenger_data = np.genfromtxt("data/challenger_data.csv",
                                skip_header=1, usecols=[1, 2],
                                missing_values="NA",
                                delimiter=",")
# NaN を削除
challenger_data = challenger_data[~np.isnan(challenger_data[:, 1])]

# 気温データをプロット（1 列目）
print("Temp (F), O-ring failure?")  # 外気温（華氏），O リング破損？
print(challenger_data)

plt.scatter(challenger_data[:, 0],
            challenger_data[:, 1],
            s=75, color="k", alpha=0.5)

plt.yticks([0, 1])
plt.ylabel("Damage incident?")  # 破損発生？
plt.xlabel("Outside temperature (Fahrenheit)")  # 外気温（華氏）
plt.title("Defects of the space shuttle O-rings versus temperature")
```

```
[Output]:

Temp (F), O-ring failure?
[[ 66.   0.]
```

[*1] 訳注：https://github.com/CamDavidsonPilon/Probabilistic-Programming-and-Bayesian-Methods-for-Hackers/blob/master/Chapter2_MorePyMC/data/challenger_data.csv （短縮 URL https://git.io/vXknD）

2.2 モデリングのアプローチ

```
 [ 70.   1.]
 [ 69.   0.]
 [ 68.   0.]
 [ 67.   0.]
 [ 72.   0.]
 [ 73.   0.]
 [ 70.   0.]
 [ 57.   1.]
 [ 63.   1.]
 [ 70.   1.]
 [ 78.   0.]
 [ 67.   0.]
 [ 53.   1.]
 [ 67.   0.]
 [ 75.   0.]
 [ 70.   0.]
 [ 81.   0.]
 [ 76.   0.]
 [ 79.   0.]
 [ 75.   1.]
 [ 76.   0.]
 [ 58.   1.]]
```

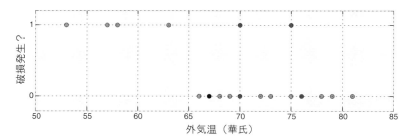

図 2.11 スペースシャトルの O リングの破損と気温の関係

外気温が下がると，破損発生の確率は明らかに上昇している．この確率をモデリングしたい．外気温と破損発生の間には明確なしきい値があるようには見えないので，「気温 t のときの破損発生の確率」を考えなければならない．これに答えることが，この例題の目標である．

ここで，気温 t を変数とした，破損発生確率の関数 $p(t)$ を考える．この関数は確率を表すため 0 から 1 までの値をとり，気温が上昇するにつれて 1 から 0 に変化するはずである．このような関数はいくらでもあるが，最も有名なものは次のロジスティック関数 (logistic function) である．

$$p(t) = \frac{1}{1+e^{\beta t}}$$

このモデルの未知変数は β である．図 2.12 は，$\beta = 1, 3, -5$ についてこの関数をプロットしたものである．

```
figsize(12, 3)


def logistic(x, beta):
    return 1.0 / (1.0 + np.exp(beta * x))

x = np.linspace(-4, 4, 100)
plt.plot(x, logistic(x,  1), label=r"$\beta =  1$")
plt.plot(x, logistic(x,  3), label=r"$\beta =  3$")
plt.plot(x, logistic(x, -5), label=r"$\beta = -5$")

plt.xlabel("$x$")
plt.ylabel("Logistic function at $x$")  # ロジスティック関数値
plt.title(r"Logistic function for different $\beta$ values")
plt.legend()
```

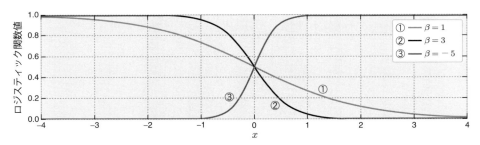

図 2.12 異なる β に対するロジスティック関数

しかしこれではまだ不十分だ．図 2.12 のロジスティック関数のプロットは華氏 0 度付近で確率が変化しているが，図 2.11 のチャレンジャー号のデータは 65 度から 70 度付近で確率が変化している．そのためにバイアス項 α をロジスティック関数に入れなければならない．

$$p(t) = \frac{1}{1+e^{\beta t + \alpha}}$$

α の値を変えてプロットしたロジスティック関数を図 2.13 に示す．

```
def logistic(x, beta, alpha=0):
    return 1.0 / (1.0 + np.exp(np.dot(beta, x) + alpha))
```

```
x = np.linspace(-4, 4, 100)

plt.plot(x, logistic(x,  1), label=r"$\beta =  1$", ls="--", lw=1)
plt.plot(x, logistic(x,  3), label=r"$\beta =  3$", ls="--", lw=1)
plt.plot(x, logistic(x, -5), label=r"$\beta = -5$", ls="--", lw=1)

plt.plot(x, logistic(x,  1,  1),
         label=r"$\beta = 1, \alpha =  1$", color="#348ABD")
plt.plot(x, logistic(x,  3, -2),
         label=r"$\beta = 3, \alpha = -2$", color="#A60628")
plt.plot(x, logistic(x, -5,  7),
         label=r"$\beta = -5, \alpha =  7$", color="#7A68A6")

plt.title("Logistic function for "
          r"different $\beta$ and $\alpha$ values")
plt.xlabel("$x$")
plt.ylabel("Logistic function at $x$")  # ロジスティック関数値
plt.legend(loc="lower left")
```

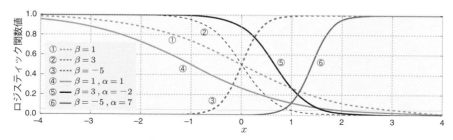

図 2.13　異なる β と α に対するロジスティック関数

定数項 α を付け加えると，曲線が左右に移動する（だから「バイアス（＝偏り）」という名前が付いている）．

それでは PyMC を使ってモデリングを始めよう．パラメータ β と α の値には制約がないので（正でなくてもよいし，上限下限もないし，比較的大きい値である必要もない），次で説明する正規分布でモデル化しよう．

2.2.11　正規分布

確率変数 X が正規分布（normal distribution）に従うことを $X \sim N(\mu, 1/\tau)$ と書く．正規分布は，平均 μ と「精度」τ の二つのパラメータをもつ．正規分布をすでに知っているなら，τ^{-1} ではなく分散 σ^2 に馴染みがあるだろう．τ と σ は互いの逆数である．

数学的な解析が簡単になるので，ここでは精度を使う．覚えておいてほしいのは，τ が小さければ分布が広がるということである（つまり，確信がもてなくなる）．τ が大きければ分布の幅は狭くなる（より確信が高まる）．ちなみに，τ は常に正である．

次の式が正規分布 $N(\mu, 1/\tau)$ の確率密度関数である．

$$f(x|\mu, \tau) = \sqrt{\frac{\tau}{2\pi}} \exp\left(-\frac{\tau}{2}(x-\mu)^2\right)$$

図 2.14 にいくつかの異なる μ と τ に対する正規分布を示す．

```
import scipy.stats as stats
nor = stats.norm
colors = ["#348ABD", "#A60628", "#7A68A6"]

x = np.linspace(-8, 7, 150)
mu = (-2, 0, 3)
tau = (.7, 1, 2.8)
parameters = zip(mu, tau, colors)

for _mu, _tau, _color in parameters:
    plt.plot(x, nor.pdf(x, _mu, scale=1. / _tau),
             label=r"$\mu = %d, \tau = %.1f$" % (_mu, _tau),
             color=_color)
    plt.fill_between(x, nor.pdf(x, _mu, scale=1. / _tau),
                     color=_color, alpha=.33)

plt.legend(loc="upper right")
plt.xlabel("$x$")
plt.ylabel("Density function at $x$")  # 密度関数値
plt.title("Probability distribution of three different "
          "Normal random variables")
```

正規分布に従う確率変数は実数の値をとるが，μ に近い値ほどとりやすい．実際に，正規分布の期待値はパラメータ μ である．

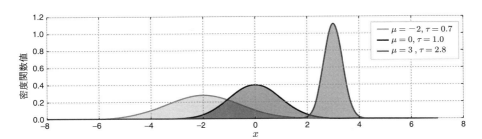

図 2.14　異なる μ と τ に対する正規分布の確率密度関数

2.2 モデリングのアプローチ

$$E[X|\mu, \tau] = \mu$$

そして，その分散は τ の逆数に等しい．

$$\mathrm{Var}(X|\mu, \tau) = \frac{1}{\tau}$$

それではチャレンジャー号のモデリングを続けよう．

```
import pymc as pm

temperature = challenger_data[:, 0]
D = challenger_data[:, 1]   # 破損発生かどうか

# ここの value の指定に注目．後で解説する．
beta = pm.Normal("beta", 0, 0.001, value=0)
alpha = pm.Normal("alpha", 0, 0.001, value=0)


@pm.deterministic
def p(t=temperature, alpha=alpha, beta=beta):
    return 1.0 / (1. + np.exp(beta * t + alpha))
```

こうして得られる確率を，どうやって観測データと結びつけたらよいだろう？ ここでは，2.2.3 項で導入したベルヌーイ分布を使うことができる．すると，破損発生の有無を表す確率変数 D_i に対して，モデルは次のようになる．

$$D_i \sim \mathrm{Ber}(\,p(t_i)\,) \quad (i = 1, \dots, N)$$

ここで，$p(t)$ はロジスティック関数（その値は 0 から 1），t_i は観測した外気温である．なお，このコードでは beta と alpha を 0 にしている．その理由は，beta と alpha が非常に大きければ，p が 1 か 0 のどちらかになってしまうからである．0 や 1 という確率は数学的には厳密に定義されているものの，あいにく pm.Bernoulli はそうした確率値を扱えない．そこで，係数の値を 0 に設定することで，p の初期値を妥当な値になるようにする．これは結果には何も影響しないし，事前分布に何か余計な情報を追加しているわけでもない．これは単純に PyMC のコーディングの都合上のことである．

```
p.value
```

```
[Output]:

array([ 0.5,  0.5,  0.5,  0.5,  0.5,  0.5,  0.5,  0.5,  0.5,  0.5,
        0.5,  0.5,  0.5,  0.5,  0.5,  0.5,  0.5,  0.5,  0.5,  0.5,
```

```
                    0.5])
```

```
# p の確率と観測データをベルヌーイ分布で結びつける.
observed = pm.Bernoulli("bernoulli_obs", p, value=D, observed=True)

model = pm.Model([observed, beta, alpha])

# この摩訶不思議なコードは第 3 章で説明する.
map_ = pm.MAP(model)
map_.fit()
mcmc = pm.MCMC(model)
mcmc.sample(120000, 100000, 2)
```

```
[Output]:

[-----------------100%-----------------] 120000 of 120000 complete in 15.3 sec
```

これで観測データを使ったモデルの学習ができた．それではこの事後分布からサンプリングしよう．図 2.15 の α と β の事後分布を見てみよう．

```
figsize(12.5, 6)
# サンプルのヒストグラム

alpha_samples = mcmc.trace('alpha')[:, None]  # 1 次元にする.
beta_samples = mcmc.trace('beta')[:, None]

plt.subplot(211)
plt.title("Posterior distributions of "
          r"the model parameters $\alpha, \beta$")
plt.hist(beta_samples, histtype='stepfilled',
         bins=35, alpha=0.85, color="#7A68A6", normed=True,
         label=r"posterior of $\beta$")  # beta の事後分布
plt.legend()

plt.subplot(212)
plt.hist(alpha_samples, histtype='stepfilled',
         bins=35, alpha=0.85, color="#A60628", normed=True,
         label=r"posterior of $\alpha$")  # alpha の事後分布
plt.xlabel("Value of parameter")  # パラメータ値
plt.ylabel("Density")  # 密度
plt.legend()
```

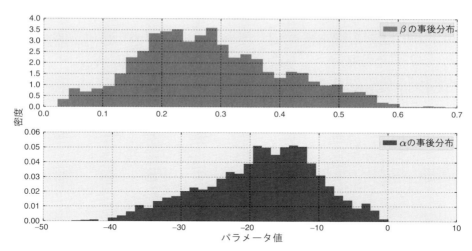

図 2.15 モデルパラメータ α と β についての事後分布

β のサンプルはすべて 0 より大きい．もし β の事後分布が 0 付近に集中していたら，もしかすると $\beta = 0$，つまり外気温は破損発生の確率には何の影響も与えないのかもしれないと推測されるが，そうはなっていない．同様に，α のサンプルはすべて負で，絶対値は大きい．よって，α は 0 よりもかなり離れた負の数だと信じてよいだろう．サンプルの値が非常にばらついているので，パラメータの真の値がいくらかについては確信がもてない（ただしこれは予想できたことだ．データ数が非常に少ないし，破損発生の有無のデータには重なりがあるのだから）．

次に，ある外気温についての「期待確率」(expected probability) を見てみよう．つまり，事後分布からサンプリングしたすべてのサンプルを平均して，$p(t_i)$ がとりそうな値を求めるのである．

```
figsize(12.5, 4)

t = np.linspace(temperature.min() - 5,
                temperature.max() + 5, 50)[:, None]
p_t = logistic(t.T, beta_samples, alpha_samples)

mean_prob_t = p_t.mean(axis=0)

plt.plot(t, mean_prob_t, lw=3,
         label="average posterior \n"
               "probability of defect")   # 破損の平均事後確率
plt.plot(t, p_t[0, :], ls="--",
         label="realization from posterior")   # 事後分布からのサンプル
```

```
plt.plot(t, p_t[-2, :], ls="--",
         label="realization from posterior")  # 事後分布からのサンプル

plt.scatter(temperature, D, color="k", s=50, alpha=0.5)

plt.title("Posterior expected value of the probability of defect, "
          "including two realizations")
plt.legend(loc="lower left")
plt.ylim(-0.1, 1.1)
plt.xlim(t.min(), t.max())
plt.ylabel("Probability")  # 確率
plt.xlabel("Temperature")  # 外気温
```

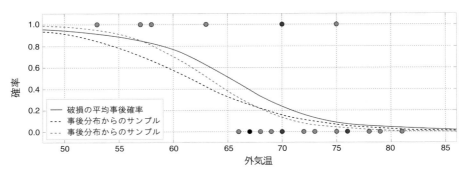

図 2.16 破損発生確率の事後期待値と，サンプリングして得られた二つの曲線

図 2.16 に，実際のシステムはこうなっているかもしれない，という二つの可能性を破線の曲線で示してある．この二つが特別なのではなく，これ以外の曲線にも同様に実現の可能性があり，20,000 個をサンプリングしたら 20,000 本の曲線が得られる．実線は，それらをすべて平均したらどうなるかを示したものである．

ここで，「破損発生確率に最も確信がもてないのはどの気温だろうか？」ということを考えてみよう．図 2.17 のプロットは，各気温についての期待値曲線と，95%信用区間（確信区間，credible interval; CI）である．

```
from scipy.stats.mstats import mquantiles

# 信用区間の上下 2.5%
qs = mquantiles(p_t, [0.025, 0.975], axis=0)
plt.fill_between(t[:, 0], *qs, alpha=0.7, color="#7A68A6")

plt.plot(t[:, 0], qs[0], label="95% CI",  # 95% 信用区間
         color="#7A68A6", alpha=0.7)
plt.plot(t, mean_prob_t, lw=1, ls="--", color="k",
```

```
                label="average posterior \n"
                      "probability of defect")  # 破損の平均確率
plt.xlim(t.min(), t.max())
plt.ylim(-0.02, 1.02)
plt.legend(loc="lower left")

plt.scatter(temperature, D, color="k", s=50, alpha=0.5)
plt.xlabel("Temperature, $t$")   # 外気温
plt.ylabel("Probability estimate")  # 確率の推定値
plt.title("Posterior probability of estimates, "
          "given temperature $t$")
```

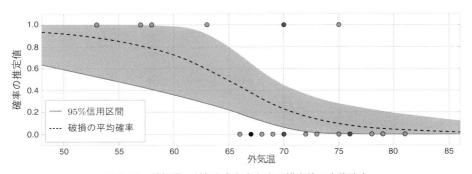

図 2.17 外気温 t が与えられたときの推定値の事後確率

　図中で灰色の領域は **95％信用区間**（95％CI）である．これは各気温での分布の 95％の区間を表している．たとえば華氏 65 度では，破損発生確率が 0.2 から 0.8 までに入っていることを 95％確信している，ということを意味する．なお，これは頻度主義における信頼区間（confidence interval）とは違うものであり，解釈も異なる．

　グラフ全体を見てみよう．華氏 60 度付近まで気温が上がってくると，信用区間は [0,1] の範囲に急激に広がっている．華氏 70 度を過ぎると，また信用区間の幅は狭まってくる．このことから，次に何をするべきかのヒントが見えてくる．つまり，華氏 60 度から 65 度の間でもっとたくさんの O リングをテストして，その付近の確率の推定値をもっと良いものにするべきである．それに加えて，ここで得られた推定値を学者達に報告するときには，単に期待確率を伝えるだけではまずいこともわかるだろう．それだけでは，ここで見たような事後分布の広がりについての情報が伝わらないからだ．

2.2.12　チャレンジャー号の悲劇の日に何が起こった？

　チャレンジャー号の悲劇が起こった日，外気温は華氏 31 度だった．この気温におい

て，破損が発生する事後確率はどのくらいだろう？ それをプロットしたものが図 2.18 である．これを見れば，残念ながらチャレンジャー号の O リングは破損する運命にあったことがわかる．

```
figsize(12.5, 2.5)

prob_31 = logistic(31, beta_samples, alpha_samples)
plt.hist(prob_31, bins=1000, normed=True, histtype='stepfilled')

plt.xlim(0.995, 1)
plt.ylabel("Density")  # 密度
plt.xlabel("Probability of defect occurring in O-ring") # O リングで破損
                                                        # が起こる確率
plt.title("Posterior distribution of probability of defect, "
          "given $t = 31$")
```

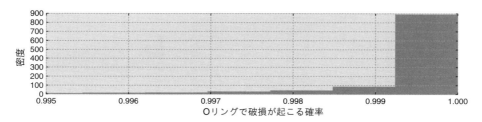

図 2.18　外気温 $t = 31$ のときの破損発生確率の事後分布

2.3　このモデルは適切か？

疑い深い読者はこう言うだろう．「このモデルは，$p(t)$ にロジスティック関数を使って，事前分布を勝手に選んでいるが，そうすべき根拠はなかった．他の関数や他の事前分布を使ったら，違った結果になるだろう．どうやったら選んだモデルが正しいかどうかがわかるんだ？」まったくもっともな指摘だ．極端な場合を考えてみよう．たとえば，すべての t について破損は等しく発生するという関数 $p(t) = 1$ を選んでいたとしたら，結果はどうなっただろう？ その場合でも，やはり 1 月 28 日に破損が発生するということは予測できただろう．しかしこれは良いモデルと言えないのは明らかである．また別の例として，$p(t)$ にはロジスティック関数を使うが，極端に 0 付近に集中しているような分布を事前確率に採用すれば，事後分布はまったく違ったものになる．自分のモデルがデータをよく表しているかどうかは，どうしたらわかるのだろう？ それを測るための指標が「**適合度**」(goodness of fit) である．これは観測データにモデルがどれだけ当てはまっているのかを示す指標である．

2.3 このモデルは適切か？

モデルがデータに適合しているかどうかをテストする一つの方法は，シミュレーションで人工的にデータを生成して，観測データと比較することである（観測データは値を「固定した」stochastic 変数だったことを思い出そう）．つまり，シミュレーションで生成したデータセットが観測データと統計的に似ていなければ，モデルは観測データを正確に表現しているとは言えない，ということである．

本章の前半で，メッセージ受信数の例題についての人工データをシミュレーションで生成した．そのために，事前分布からサンプリングした（つまり，データには適合していないモデルからサンプリングした）ので，その結果得られたデータセットはばらつきが大きく，観測データとはまったく似ていなかった．今回の例題では事後分布からサンプリングするため，現実的に妥当なデータが得られるはずである．都合のよいことに，ベイズ推論のフレームワークならそれを簡単に実行できる．そのためには，観測データを保持している変数とまったく同じ型で，そこから観測データを差し引いた stochastic 変数を新しく作成すればよい．

観測データを保持している stochastic 変数は以下のようなものだった．

```
observed = pm.Bernoulli("bernoulli_obs", p, value=D, observed=True)
```

これに対して，妥当なデータを生成するための変数は以下のように初期化する．

```
simulated_data = pm.Bernoulli("simulation_data", p)
```

コードは以下のようになる．

```
simulated = pm.Bernoulli("bernoulli_sim", p)
N = 10000

mcmc = pm.MCMC([simulated, alpha, beta, observed])
mcmc.sample(N)
```

```
[Output]:

[-----------------100%-----------------] 10000 of 10000 complete in 2.4 sec
```

```
simulations = mcmc.trace("bernoulli_sim")[:].astype(int)

# 生成データ array のサイズ
print("Shape of simulations array: ", simulations.shape)
```

```
plt.suptitle("Simulated datasets using posterior parameters")

figsize(12.5, 10)
for i in range(4):
    ax = plt.subplot(4, 1, i + 1)
    plt.scatter(temperature, simulations[1000 * i, :],
                color="k", s=50, alpha=0.6)
```

```
[Output]:

Shape of simulations array:  (10000, 23)
```

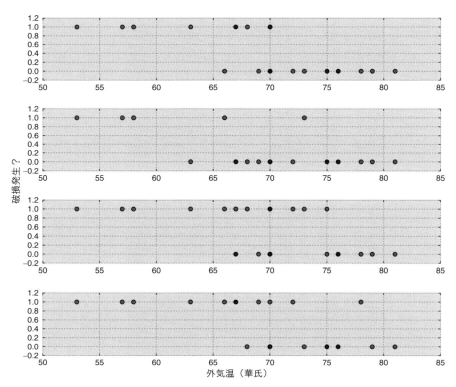

図 2.19 パラメータの事後分布からシミュレーションで生成したデータセット

もとにしたデータが違うので，図 2.19 のプロットはそれぞれ違っている．しかしこれらのデータセットは，同じモデルから生成されたことには違いない．ランダムに生成したのだから見かけは違うが，背景にあるモデルは共通している．これらのデータセット

は観測データと（統計的に）似ているのだろうか？

それを知るために，モデルの良さを評価したい．しかし「良い」は主観的な用語なので，良いかどうかは他のモデルと比較して決めることになる．

ここでは，やや客観性を欠くように思えるかもしれないが，グラフを見て評価を行うことにする．より客観的な方法としては，**ベイズ的 p 値**（Bayesian p-values）を使うものがある．これはモデルの統計的性質を要約した値であり，頻度主義における p 値に相当する．しかし，「良い」と「悪い」の間の境界線を任意に決められるので，ベイズ的p 値もまた主観的なものである．ゲルマンは，p 値を用いた検定よりもグラフを見るほうがわかりやすいと述べている[6]．私も同感だ．

2.3.1　セパレーションプロット

ここで紹介する方法は，ロジスティック回帰のための新しいデータ可視化手法である．このプロットは**セパレーションプロット**（separation plot）と呼ばれている．このプロットを使えば，あるモデルと別のモデルを図的に比較することができるようになる．セパレーションプロットの詳細は原論文[7]を参照してほしい．ここではその使い方を紹介する．

各モデルに対して，すべてのシミュレーション結果を平均し，ある気温に対して値1が事後分布からサンプルされた回数の割合を計算する（つまり $P(D=1|t)$ を推定する）．こうすることで，データセット中の各データ点における破損発生（$D=1$）の事後確率を求めることができる．ここでのモデルに対しては，たとえば以下のようなコードになる．

```
posterior_probability = simulations.mean(axis=0)

# 観測，破損発生の有無を生成したデータ，破損発生の事後確率，破損発生
print("Obs. | Array of Simulated Defects | Posterior     | Realized")
print("                                    Probability    Defect  ")
print("                                    of Defect                ")

for i in range(len(D)):
    print("%-4s | %s | %-12.2f | %d" %
          (str(i).zfill(2),
           str(simulations[:10, i])[:-1] + "...".ljust(6),
           posterior_probability[i], D[i]))
```

```
[Output]:

Obs. | Array of Simulated Defects   | Posterior    | Realized
```

	Probability	Defect
	of Defect	
00	[0 0 1 0 0 1 0 0 0 1...]	0.45	0
01	[0 1 1 0 0 0 0 0 0 1...]	0.22	1
02	[1 0 0 0 0 0 0 0 0 0...]	0.27	0
03	[0 0 0 0 0 0 1 0 1...]	0.33	0
04	[0 0 0 0 0 0 0 0 0...]	0.39	0
05	[1 0 1 0 0 1 0 0 0 0...]	0.14	0
06	[0 0 1 0 0 0 1 0 0 0...]	0.12	0
07	[0 0 0 0 0 0 1 0 0 1...]	0.22	0
08	[1 1 0 0 1 1 0 0 1 0...]	0.88	1
09	[0 0 0 0 0 0 0 0 0 1...]	0.65	1
10	[0 0 0 0 0 1 0 0 0 0...]	0.22	1
11	[0 0 0 0 0 0 0 0 0 0...]	0.04	0
12	[0 0 0 0 0 1 0 0 0 0...]	0.39	0
13	[1 1 0 0 0 1 1 0 0 1...]	0.95	1
14	[0 0 0 0 1 0 0 1 0 0...]	0.39	0
15	[0 0 0 0 0 0 0 0 0 0...]	0.08	0
16	[0 0 0 0 0 0 0 1 0...]	0.23	0
17	[0 0 0 0 0 1 0 0 0...]	0.02	0
18	[0 0 0 0 0 0 1 0 0...]	0.06	0
19	[0 0 0 0 0 0 0 0 0...]	0.03	0
20	[0 0 0 0 0 0 1 1 0...]	0.07	1
21	[0 1 0 0 0 0 0 0 0...]	0.06	0
22	[1 0 1 1 0 1 1 1 0 0...]	0.86	1

次に，事後確率で各列をソートする．

```
ix = np.argsort(posterior_probability)

# 破損発生の事後確率，破損発生
print("Posterior Probability of Defect | Realized Defect")

for i in range(len(D)):
    print("%-31.2f | %d" %
        (posterior_probability[ix[i]], D[ix[i]]))
```

```
[Output]:

Posterior Probability of Defect | Realized Defect
0.02                            | 0
0.03                            | 0
0.04                            | 0
0.06                            | 0
```

```
0.06            |  0
0.07            |  1
0.08            |  0
0.12            |  0
0.14            |  0
0.22            |  1
0.22            |  0
0.22            |  1
0.23            |  0
0.27            |  0
0.33            |  0
0.39            |  0
0.39            |  0
0.39            |  0
0.45            |  0
0.65            |  1
0.86            |  1
0.88            |  1
0.95            |  1
```

このデータをグラフにする良い方法がある．私が書いたラッパー関数 separation
_plot[1] でプロットしたものが図 2.20 である．

```
from urllib.request import urlretrieve

# separation_plot.py のダウンロード
urlretrieve("https://git.io/vXtye", "separation_plot.py")
```

```
from separation_plot import separation_plot

figsize(11, 1.5)
separation_plot(posterior_probability, D)
```

---

[1] 訳注：https://github.com/CamDavidsonPilon/Probabilistic-Programming-and
-Bayesian-Methods-for-Hackers/blob/master/Chapter2_MorePyMC/separation_plot.py
（短縮 URL https://git.io/vXtye）

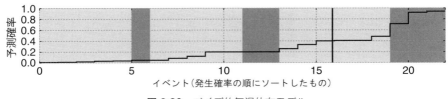

図 2.20 ベイズ的気温依存モデル

右肩上がりのジグザグの折れ線は，事後確率をソートしたものである．濃い灰色の領域は「破損発生」を表し，何もない区間は「破損なし」を表す．確率が高くなるにつれて，破損が増えていく様子が見てとれる．このプロットから，事後確率が大きい（1に近い）区間では多くの破損が発生していることがわかる．これはわかりやすいプロットだ．理想的には，すべての濃い灰色のバーは右側に現れるべきであり，そうなっていないのは予測が失敗しているためである．

黒い縦線は，このモデルで観測するはずの破損発生回数の期待値を表している（これの計算は章末の付録を見てほしい）．以上より，モデルが予測するイベントの総数と，観測データで発生した実際のイベントの数とを，比較することができる．

他のモデルのセパレーションプロットと比較するとわかりやすい．このモデルと以下の三つのモデルの比較を，図 2.21〜2.24 に示す．

1. 予測が理想的に完全なモデル．このモデルの事後確率は，もし破損が発生したら 1，発生しなかったら 0 に等しい．
2. 完全にランダムなモデル．気温に関係なくランダムな確率を予測する．
3. 定数モデル，つまり $P(D = 1 \mid t) = c, \forall t$ とするモデル．c の値は，観測された破損の頻度（この場合は 7/23）とする．

```
figsize(11, 1.25)

# ベイズ的気温依存モデル
separation_plot(posterior_probability, D)
plt.title("Our Bayesian temperature-dependent model")

# 完全モデル（確率が実際の破損発生と一致）
p = D
separation_plot(p, D)
plt.title("Perfect model")

# ランダムモデル
p = np.random.rand(23)
```

```
separation_plot(p, D)
plt.title("Random model")

# 定数モデル
constant_prob = 7. / 23 * np.ones(23)
separation_plot(constant_prob, D)
plt.title("Constant-prediction model")
```

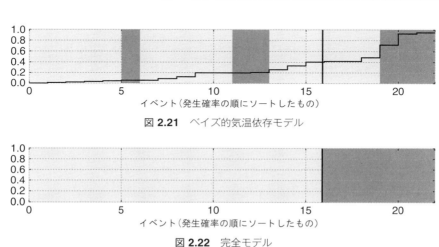

図 2.21　ベイズ的気温依存モデル

図 2.22　完全モデル

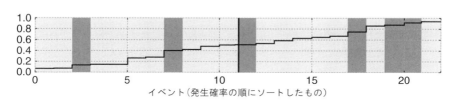

図 2.23　ランダムモデル

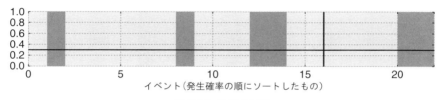

図 2.24　定数モデル

　ランダムモデルでは，確率が増えても破損発生イベントは右側には集まらない．これは定数モデルでも同じである．

図 2.22 の完全モデルでは，確率の線はグラフの上端か下端に張り付いてしまい，見えなくなっている．もちろんこの完全モデルは参考のために表示しただけであり，このようなモデルから何らかの科学的推論を行うことはできない．

2.4 おわりに

本章では，PyMC の構文とベイズモデルの構築方法を紹介し，いくつかの実例（A/B テスト，プライバシーアルゴリズムの利用，チャレンジャー号事故の分析）を解説した．

本章のモデリングでは，基本的な確率分布を理解していることを前提としていた．これはこの先のベイズモデリングでも重要である．前にも述べたように，確率分布はベイズモデリングの構成要素なので，それには十分慣れておいてほしい．どの分布を使うべきかを間違えることはよくあるが，そんなときには PyMC なら何かが間違っていることをエラーで知らせてくれる．エラーが起こったらコードに戻って，選んだ分布が正しかったかどうかを確認しよう．

第 3 章では，PyMC のなかで一体何が起こっているのかを説明する．それを理解しておくと，モデルをデバッグするときに役立つだろう．

▶ 付録

モデルが与えられたとき，破損発生回数の期待値（もっと一般には，あるカテゴリのイベントが発生する回数の期待値）を計算するにはどうすればよいだろう？ 観測数を N と仮定し，その個数だけデータ（チャレンジャー号の例では気温）が観測されるとする．それぞれの観測データに対して，あるカテゴリ（この場合には破損）の確率を計算することができる．

i 番目の観測データを確率変数 B_i で表そう．B_i はベルヌーイ分布に従うとし，確率 p_i で $B_i = 1$（つまり正しい），確率 $1 - p_i$ で $B_i = 0$（つまり間違っている）とする．ここで，p_i はそれぞれの観測データをモデルに与えたときに返される確率である．これらの確率変数の和は，与えられたモデルにおけるそのイベントの総発生数となる．たとえば，各 p_i を大きな値に全体的に偏らせると，それらの和も大きくなり，実際に観測されるデータとはかけ離れてしまう（実際にはいくつかのカテゴリのイベント発生数はそれより小さいにもかかわらず）．

破損発生回数の期待値は，以下の総和 S の期待値 $E[S]$ である．

$$S = \sum_{i=0}^{N} X_i$$

$$E[S] = \sum_{i=0}^{N} E[X_i] = \sum_{i=0}^{N} p_i$$

なぜなら，ベルヌーイ分布に従う確率変数の期待値はそれが値1をとる確率に等しいからだ．セパレーションプロットでは，このような確率の総和を計算し，その位置に垂直線を描画する．

交差確認（cross-validation）を行う場合に関して一言．上記のステップはテストデータを評価する前に行う．つまり，異なるモデルの適合度を比較するために，学習の一部として行う．

▶ 演習問題

1. カンニングの例で，観測データ数が極端な場合を考えてみよう．「はい」の回答数が0，あるいは100ならどうなるだろうか？
2. α に対して β をプロットしてみよう．このプロットはどのようになるだろうか？

解答例

1. 「はい」の回答数が0という最も極端な場合を考えてみよう．この場合，最初のコイン投げが表だったのはカンニングをしていない生徒だけであり，最初のコイン投げが裏だった学生は全員が2回目も裏だった，ということになる．しかしこの場合でも，推論の結果0から離れた値にも多少は確率質量が割り当てられているだろう．なぜそうなるのだろう？ その理由は，この問題の設定にある．カンニングした学生が最初のコイン投げで裏を出してしまうと，その学生の正直な告白が観測できなくなってしまうのだ．このモデルは，この可能性に対処するために，0から離れた値にも確率質量を割り当てる．「はい」の回答数が100という逆の場合でも，同様の振る舞いが生じる．つまり今度は，1から離れた値にも確率が割り当てられることになる．

2.
```
figsize(12.5, 4)
plt.scatter(alpha_samples, beta_samples, alpha=0.1, s=1)

# どんなグラフだろうか？ 実際に試してみよう．
plt.title("Why does the plot look like this?")
plt.xlabel(r"$\alpha$")
plt.ylabel(r"$\beta$")
```

▶ 文献

[1] Cronin, Beau. "Why Probabilistic Programming Matters," last modified March 24, 2013, https://plus.google.com/u/0/107971134877020469960/posts/KpeRdJKR6Z1.

[2] "A Probability Distribution Value Exceeding 1 Is OK?" Cross Validated, accessed December 29, 2014, http://stats.stackexchange.com/questions/4220/a-probability-distribution-value-exceeding-1-is-ok/.

[3] Warner, Stanley L., "Randomized Response: A Survey Technique for Eliminating Evasive Answer Bias," *Journal of the American Statistical Association*, 60, no. 309 (Mar., 1965): 63–69.

[4] McLeish, Don and Cynthia Struthers. *STATISTICS 450/850: Estimation and Hypothesis Testing, Supplementary Lecture Notes*. Ontario: University of Waterloo, Winter 2013.

[5] Dalal, Siddhartha R., Edward B. Fowlkes, and Bruce Hoadley. "Risk Analysis of the Space Shuttle: Pre-Challenger Prediction of Failure," *Journal of the American Statistical Association*, 84, no. 408 (Dec., 1989): 945–957.

[6] Gelman, Andrew and Cosma Rohilla Shalizi. "Philosophy and the Practice of Bayesian Statistics," *British Journal of Mathematical and Statistical Psychology* 66 (2013): 8–38.

[7] Greenhill, Brian, Michael D. Ward, and Audrey Sacks. "The Separation Plot: A New Visual Method for Evaluating the Fit of Binary Models," *American Journal of Political Science* 55, no. 4 (2011): 991–1002.

3

MCMCのなかをのぞいてみよう
Opening the Black Box of MCMC

3.1 山あり谷あり，分布の地形

本章では，第1章と第2章では説明してこなかったPyMCの内部構造と，マルコフ連鎖モンテカルロ法（Markov chain Monte Carlo, MCMC）について解説する．本章を書いた理由は三つある．一つ目は，ベイズ推論についてのすべての本がMCMCを扱っているからだ．これはどうしようもない．文句があれば統計学者に言ってほしい．二つ目は，MCMCのプロセスを知ると，アルゴリズムが収束するのかどうかが理解できるようになるからだ（何に収束するのか？　それは後で説明する）．三つ目は，なぜ数千個もの値を事後分布からサンプリングしなければならないのかが理解できるようになるからだ（これは最初は不思議に思うだろう）．

N 個の未知数についてベイズ推論を行うときには，私たちは事前分布が存在する N 次元空間を暗黙のうちに作成している．その空間のなかに，ある1点の事前確率を表す「曲面」もしくは「曲線」を考えることができる．空間中のこの曲面は，事前分布によって定義される．たとえば二つの未知数 p_1 と p_2 があるとして，それらの事前分布を Uniform$(0, 5)$ とすると，作成される空間は1辺の長さが5の正方形で，曲面はその正方形の上に乗っている平面である（一様分布を選んだのだから，どの点の確率も等しい）．これを図3.1に示す．

```
import scipy.stats as stats
from matplotlib import pyplot as plt
%matplotlib inline
from IPython.core.pylabtools import figsize
```

```python
import numpy as np
figsize(12.5, 4)
import matplotlib.pyplot as plt
from mpl_toolkits.mplot3d import Axes3D

jet = plt.cm.jet
fig = plt.figure()

x = y = np.linspace(0, 5, 100)
X, Y = np.meshgrid(x, y)

plt.subplot(121)
uni_x = stats.uniform.pdf(x, loc=0, scale=5)
uni_y = stats.uniform.pdf(y, loc=0, scale=5)
M = np.dot(uni_x[:, None], uni_y[None, :])
im = plt.imshow(M, interpolation='none', origin='lower',
                cmap=jet, vmax=1, vmin=-.15, extent=(0, 5, 0, 5))
plt.xlim(0, 5)
plt.ylim(0, 5)
plt.title("Overhead view of landscape formed by "
          "Uniform priors")  # 上から見た図

ax = fig.add_subplot(122, projection='3d')
ax.plot_surface(X, Y, M, cmap=plt.cm.jet, vmax=1, vmin=-.15)
ax.view_init(azim=390)
ax.set_xlabel('Value of $p_1$')  # p_1 の値
ax.set_ylabel('Value of $p_2$')  # p_2 の値
ax.set_zlabel('Density')  # 密度
plt.title("Alternate view of landscape formed by "
          "Uniform priors")  # 斜めから見た図
```

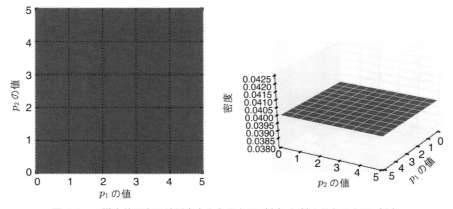

図 3.1　一様事前分布の地形を上から見た図（左）と斜めから見た図（右）

3.1 山あり谷あり，分布の地形

別の例を考えよう．二つの事前分布を Exp(3) と Exp(10) にした場合，空間は 2 次元平面上のすべての正の実数からなり，事前分布を表す曲面は原点 (0, 0) を開始点として正の方向へと下っていき，滝のような形になる．

図 3.2 のプロットはこれを可視化したものである．色が薄いほどその位置の事前確率が高く，濃いほどその位置の事前確率は小さい．

```
figsize(12.5, 5)
fig = plt.figure()
plt.subplot(121)

exp_x = stats.expon.pdf(x, scale=3)
exp_y = stats.expon.pdf(x, scale=10)
M = np.dot(exp_x[:, None], exp_y[None, :])
CS = plt.contour(X, Y, M)
im = plt.imshow(M, interpolation='none', origin='lower',
                cmap=jet, extent=(0, 5, 0, 5))
plt.title("Overhead view of landscape formed by "
          "$Exp(3), Exp(10)$ priors")   # 上から見た図

ax = fig.add_subplot(122, projection='3d')
ax.plot_surface(X, Y, M, cmap=jet)
ax.view_init(azim=390)
ax.set_xlabel('Value of $p_1$')   # p_1 の値
ax.set_ylabel('Value of $p_2$')   # p_2 の値
ax.set_zlabel('Density')   # 密度
plt.title("Alternate view of landscape\nformed by "
          "$Exp(3), Exp(10)$ priors")   # 斜めから見た図
```

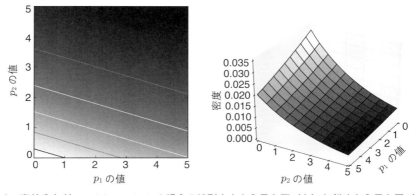

図 **3.2** 事前分布が Exp(3),Exp(10) の場合の地形を上から見た図（左）と斜めから見た図（右）

これらは単純な2次元空間の例なので，私たちの脳にとっては理解しやすいが，実際の問題では，事前分布からつくられる空間や曲面はもっと高次元である．

　これらの曲面が未知数についての「事前分布」を表しているなら，得られた観測データ X を取り込んだ「後」には，空間はどうなるのだろうか？　観測データ X は空間を変えることはないが，曲面を変化させる．真のパラメータが存在するであろう場所の情報を反映するように，事前分布の曲面を引っ張ったり伸ばしたりするのである．たくさんのデータが得られたら，それらが曲面をもっと引っ張ったり伸ばしたりするので，もともとの曲面はクシャクシャにされて，まったく新しい曲面になっている．一方，データが少なければ，もとの曲面の形は比較的保たれているだろう．どちらにしても，新しい曲面は「事後分布」を表していることになる．

　繰り返しになるが，2次元よりも高次元の空間や曲面を可視化することは不可能である．2次元の場合には，観測データはもとの曲面を押し上げて，高い山をつくり上げる．観測データが事後分布を押し上げる際，事前分布の確率が小さい場所では，押し上げに対する抵抗が大きくなる．二つの指数分布が事前分布になる先程の例では，データが (0,0) 付近で観測されたことによってできる山は，(5,5) 付近にできる山よりも高くなるだろう．なぜなら (5,5) 付近は非常に抵抗が大きい（事前確率が小さい）からだ．この山のような地形の事後分布は，真のパラメータがその辺りにある可能性が高いことを示している．なお，事前確率が 0 になっている場所は，事後分布も 0 になる．

　二つのポアソン分布に対する推論を行うことを考えよう．この場合，それぞれにパラメータ λ が存在する．この未知数 λ に対して，事前分布として一様分布と指数分布を用いた場合の結果を比較しよう．まずデータが一つだけ与えられたと仮定する．この場合の「事前分布」と「事後分布」の地形を図 3.3 に示す．

```
# 観測データの生成

# 観測データのサンプルサイズ．
# いろいろ変えてみよう（ただし 100 以下にすること）．
N = 1

# 真のパラメータ．もちろん本当はわからない．
lambda_1_true = 1
lambda_2_true = 3

# そして二つのパラメータからデータを生成する．
data = np.concatenate([
    stats.poisson.rvs(lambda_1_true, size=(N, 1)),
    stats.poisson.rvs(lambda_2_true, size=(N, 1))
], axis=1)
```

3.1 山あり谷あり，分布の地形

```
print("observed (2-dimensional,sample size = %d):" % N, data)

# プロット
x = y = np.linspace(.01, 5, 100)
likelihood_x = np.array([stats.poisson.pmf(data[:, 0], _x)
                         for _x in x]).prod(axis=1)
likelihood_y = np.array([stats.poisson.pmf(data[:, 1], _y)
                         for _y in y]).prod(axis=1)
L = np.dot(likelihood_x[:, None], likelihood_y[None, :])  # 尤度
```

[Output]:

```
observed (2-dimensional,sample size = 1):  [[0 6]]
```

```
figsize(12.5, 12)
# 少し煩雑な matplotlib コードを用いるので要注意.

plt.subplot(221)
uni_x = stats.uniform.pdf(x, loc=0, scale=5)
uni_y = stats.uniform.pdf(x, loc=0, scale=5)
M = np.dot(uni_x[:, None], uni_y[None, :])  # 一様事前分布
plt.imshow(M, interpolation='none', origin='lower',
           cmap=jet, vmax=1, vmin=-.15, extent=(0, 5, 0, 5))
plt.scatter(lambda_2_true, lambda_1_true,
            c="k", s=50, edgecolor="none")
plt.xlim(0, 5)
plt.ylim(0, 5)
plt.title("Landscape formed by "
          "Uniform priors on $p_1, p_2$")  # 一様事前分布

plt.subplot(223)
plt.contour(x, y, M * L)  # 尤度と事前分布の積が事後分布となる.
plt.imshow(M * L, interpolation='none', origin='lower',
           cmap=jet, extent=(0, 5, 0, 5))
plt.scatter(lambda_2_true, lambda_1_true,
            c="k", s=50, edgecolor="none")
plt.xlim(0, 5)
plt.ylim(0, 5)
plt.title("Landscape warped by %d data observation;\n"
          "Uniform priors on $p_1, p_2$"
          % N)  # 一様事前分布に対する事後分布

plt.subplot(222)
exp_x = stats.expon.pdf(x, loc=0, scale=3)
exp_y = stats.expon.pdf(x, loc=0, scale=10)
```

```
M = np.dot(exp_x[:, None], exp_y[None, :])   # 指数事前分布
plt.contour(x, y, M)
plt.imshow(M, interpolation='none', origin='lower',
           cmap=jet, extent=(0, 5, 0, 5))
plt.scatter(lambda_2_true, lambda_1_true,
            c="k", s=50, edgecolor="none")
plt.xlim(0, 5)
plt.ylim(0, 5)
plt.title("Landscape formed by "
          "Exponential priors on $p_1, p_2$")   # 指数事前分布

plt.subplot(224)
plt.contour(x, y, M * L)   # 尤度と事前分布の積が事後分布となる.
plt.imshow(M * L, interpolation='none', origin='lower',
           cmap=jet, extent=(0, 5, 0, 5))
plt.scatter(lambda_2_true, lambda_1_true,
            c="k", s=50, edgecolor="none")
plt.xlim(0, 5)
plt.ylim(0, 5)
plt.xlabel('Value of $p_1$')   # p_1 の値
plt.ylabel('Value of $p_2$')   # p_2 の値
plt.title("Landscape warped by %d data observation;\n"
          "Exponential priors on $p_1, p_2$"
          % N)   # 指数事前分布に対する事後分布
```

図 3.3 の四つのプロットにある黒丸が真のパラメータの位置である．左下のプロットは事前分布 Uniform(0, 5) が変形されてできた事後分布，右下のプロットは事前分布の指数分布が変形されてできた事後分布である．観測データはどちらも同じものなのに，二つの事後分布の地形は違うように見える．その理由は以下のようになる．事前分布が指数分布（右上）の場合は，事後分布（右下）の右上角の事後確率はとても小さくなっている．その付近の事前確率が小さいためである．一方で，事前分布が一様分布（左上）の場合，事後分布（左下）の右上角の事後確率はそれほど小さくないのは，指数分布に比べて事前確率が大きいためである．

　指数分布が事前分布の場合，事後確率の最も値の高い位置は (0, 0) の方向に偏っている．これは，指数分布が (0, 0) に最も大きい事前確率を割り当てているためである．観測データのサンプル数が 1 でも，事後分布の「山」の位置は真のパラメータに近くなっている．もちろん，サンプルサイズが 1 などと極端に小さい場合の推論は当てにはならない．$N = 1$ としたのは単に説明をわかりやすくするためだ．サンプルサイズを変えて (2, 5, 10, 100 など)，事後分布の「山の地形」がどうなるかを試してみるといいだろう．

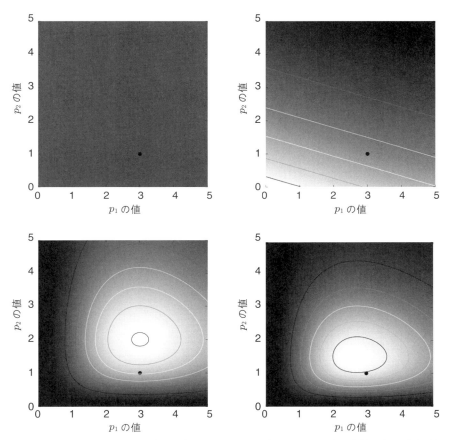

図 3.3 p_1, p_2 についての事前分布と，観測データが一つ与えられたときの事後分布の「地形」．一様分布が事前分布の場合（左上）と，その事後分布（左下）．指数分布が事前分布の場合（右上）と，その事後分布（右下）．

3.1.1 MCMC で地形を探索する

これから，事後分布の山を求めて，パラメータ空間——事前分布の曲面を観測データが変形させてつくった事後分布の地形——を探索していくことになる．しかしこの空間を探索することは簡単ではない．コンピュータサイエンスに詳しい読者なら，N 次元空間の探索が N について指数的に困難になることを知っているだろう．つまり，N が増えるにつれて，空間のサイズが急速に大きくなる（このような困難を次元の呪いという）．それでは，隠された山々を見つけ出すにはどうしたらよいだろう？　そこで登場するのが MCMC という，空間を効率的に探索するアイデアである．ここで「探索」(search)

とは，ある特定の点を見つけ出すことを意味する．しかし，その点がわかりやすいピークであるとは限らない．ものすごくなだらかな山を見つけなければならないこともあるからだ．

　MCMC が返すのは，事後分布そのものではなく，事後分布からのサンプルだったことを思い出そう．登山に例えるなら，MCMC がやっていることは，「自分が見つけたこの小石が，自分が探している山からもってきた，ということはどれくらいありそうだろうか？」ということを繰り返し自問することに似ている．そして，もとの山を再現しようという望みを果たすべく，数千個もの小石を拾ってみるのだ．MCMC と PyMC の言葉で言えば，何個も拾ってくる「小石」がサンプルであり，一連のサンプルをまとめて**軌跡**（trace）と呼ぶ．

　先程「MCMC は空間を効率的に探索する」と言ったが，その実際の意味は，事後確率が 0 ではない領域に MCMC が収束してほしい，という期待にすぎない．そのために MCMC は，現在の周囲を探索して，確率が高ければそちらに移動する．「収束」とは空間中のある点に向かって移動することであるが，MCMC は空間中の「ある広い範囲」に向かって移動する．そしてその周辺をランダムに探索しながら，その付近からのサンプルを返すのである．

なぜサンプルが数千個も？

　数千個ものサンプルをユーザーに返すと聞けば，事後分布を表現するだけなのに，なんて非効率なやり方なんだ，と最初は思うかもしれない．しかし，これは実際には本当に効率的な方法なのだ．ためしに別の方法を考えてみよう．

1. 「山の範囲」を表す数式を返すとしよう．すると，N 次元空間中の曲面がどんなに起伏に富んでいようとも，数式で表さなければならなくなる．これは簡単ではない．
2. 事後分布の山の「頂上」を返すとしよう．数学的には可能で，合理的でもある（山の頂上は未知数の最も確実な推定値に相当する）．しかしこれでは，事後分布の地形の起伏をすべて無視してしまっている．前から言っているように，これは未知数の事後分布の確信度を求める上で重要な情報である．

　計算量の理由以外にも，サンプルを返す大きな利点として，「大数の法則」（law of large numbers）が使えるようになることがある．大数の法則は他の手法では解けない問題に対する有効なアプローチとなる．この議論は第 4 章までとっておこう．ともかく，数千個ものサンプルがあれば，それらをヒストグラムにすることで，事後分布の曲面を再構成することができる．

3.1.2　MCMC を実行するアルゴリズム

MCMC のアルゴリズムにはとてもたくさんの種類がある．ほとんどのアルゴリズムは，概念的に表現すれば以下のようになる．

1. 現在位置から始める．
2. 次に移動する先の位置を提案する（近くの小石を調べる）．
3. その新しい位置がデータに適しているか，事前分布に適しているか，を基準にして，新しい位置を受け入れる，または却下する（つまり，その小石が山から拾ってきたものかどうかを判断する）．
4. (a) 受け入れたら：新しい位置へ移動する．ステップ 1 へ戻る．
   (b) 却下したら：今の位置にとどまる．ステップ 1 へ戻る．
5. 以上を何度も繰り返し，すべての受け入れた位置を返す．

このやり方に従うと，一般的には，事後確率が 0 ではない領域に向かって移動し，その旅の途中でいくつかのサンプルを集めることになる．事後確率が 0 ではない付近に到着したら，その付近で収集するサンプルはすべて事後確率をもつ領域に属しているだろうから，たくさんのサンプルを簡単に収集できるようになる．

もし現在地付近の確率が極端に小さい場合はどうなるだろう．MCMC アルゴリズムの初期位置はそうなることが多い（空間中のランダムな点から開始すると大抵はそうなる）．この場合は移動した次の位置も，事後確率が高い領域ではないだろう．今いる周辺よりはましなどこか別の場所へ移動しただけになる．そのため，このアルゴリズムの最初の数歩は，事後分布を表したものにはならない．また後でこの話に戻ろう．

先程のアルゴリズムで，現在位置だけが重要だったことに注目しよう（次の位置は，現在地の周辺だけで探していた）．この性質を「無記憶性」（memorylessness）と呼ぶ．つまり MCMC アルゴリズムは，現在地にどうやってたどり着いたのかはまったく気にせず，今いる場所だけを考えるのである．

3.1.3　事後分布を近似する他の方法

MCMC のほかにも，事後分布を表現する方法がある．ラプラス近似は事後分布を簡単な関数で近似する方法であり，もっと高度な方法として変分ベイズがある．これらの三つ（ラプラス近似，変分ベイズ，そして古典的な MCMC）はそれぞれ一長一短であり，本書では説明を MCMC に絞っている．

3.1.4 例題：混合モデルの教師なしクラスタリング

以下のようなデータセットが与えられたとする[1].

```
from os import makedirs
makedirs("data", exist_ok=True)  # フォルダの作成

from urllib.request import urlretrieve
# データのダウンロード
urlretrieve("https://git.io/vXt6b", "data/mixture_data.csv")
```

```
figsize(12.5, 4)

data = np.loadtxt("data/mixture_data.csv", delimiter=",")
plt.hist(data, bins=20, color="k",
         histtype="stepfilled", alpha=0.8)

plt.title("Histogram of the dataset")
plt.ylim([0, None])
plt.xlabel('Value')  # 値
plt.ylabel('Count')  # 個数
print(data[:10], "...")
```

```
[Output]:

[ 115.8568 152.2615 178.8745 162.935 107.0282 105.1914 118.3829
    125.377 102.8805 206.7133] ...
```

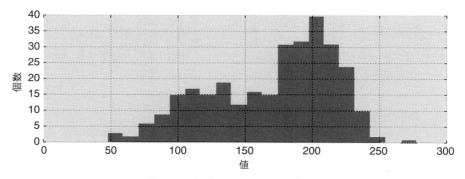

図 **3.4** データセットのヒストグラム

---

[1] 訳注: https://github.com/CamDavidsonPilon/Probabilistic-Programming-and-Bayesian-Methods-for-Hackers/blob/master/Chapter3_MCMC/data/mixture_data.csv （短縮 URL https://git.io/vXt6b）

このデータが意味することは何だろう？ 図 3.4 を見れば，二峰性である，つまりピークが二つあることがわかる．一つは 120 付近で，もう一つが 200 付近にある．おそらく，このデータセットのなかにはクラスタが二つあるのだろう．

このデータセットは，第 2 章で説明したデータ生成過程のモデリング手法を試すのに良い例である．このデータが生成されたであろう過程を提案することができる．ここでは以下のようなデータ生成アルゴリズムを考えよう．

1. 各データ点について，確率 p でクラスタ 0 を選択する．クラスタ 0 を選択しなければ，クラスタ 1 を選択する（Python の記法に従って，インデックスを 0 から始めている）．
2. パラメータ μ_i と σ_i の正規分布から値を一つサンプリングする．ここで，i はステップ 1 で選択したクラスタ番号である．
3. 繰り返す．

このアルゴリズムは観測データセットと似たようなデータを生み出す効果をもつだろう．そこでこのモデルを使うことにしよう．もちろん p の値も知らないし，正規分布のパラメータもわからない．そのため，これらの未知数をデータから推論する，つまり学習することになる．

二つの正規分布を Nor_0，Nor_1 と表す．平均と分散はどちらも未知数であり，それらを μ_i と $\sigma_i (i = 0, 1)$ と書くことにする．あるデータ点は Nor_0 か Nor_1 のどちらか一方から生成されるので，確率 p で Nor_0 から生成されると仮定しよう．ただしこの確率はわからない．この確率を変数 p と呼び，0 から 1 の一様分布でモデリングする．

データ点をクラスタに割り当てるには，PyMC の Categorical クラスの stochastic 変数を使えばよい．そのパラメータは確率を表す長さ k の array（要素の和は 1）である．また，value 属性は 0 から $k-1$ の整数で，確率の array に依存してランダムに決まる（この場合 $k = 2$）．

```
import pymc as pm
p = pm.Uniform("p", 0., 1.)
assignment = pm.Categorical("assignment", [p, 1 - p],
                            size=data.shape[0])

print("prior assignment, with p = %.2f:"
      % p.value)   # 事前確率 p でのクラスタの割当
print(assignment.value[:10], "...")
```

```
[Output]:

prior assignment, with p = 0.80:
[0 0 0 0 0 0 1 1 0 0] ...
```

図 3.4 のヒストグラムを見ると，二つの正規分布の標準偏差は違っているように見える．標準偏差の値がいくつなのかを知らないので，その値を 0 から 100 までの一様分布でまずはモデリングしよう．実際には精度 τ を使うのだが，ここでは標準偏差で考えたほうがわかりやすい．そのためには以下の式で標準偏差を精度に変換する必要がある．

$$\tau = \frac{1}{\sigma^2}$$

PyMC ではこれを一行で実行できる．

```
taus = 1.0 / pm.Uniform("stds", 0, 100, size=2) ** 2
```

ここで size=2 と指定していることに注意しよう．つまり二つの τ を一つの PyMC 変数で表しているのだ．なお，こう書いたからといって二つの τ の値に関連があるということにはならない．これは単にコードを簡単にするためにすぎない．

二つのクラスタの中心に対しても事前分布を設定する必要がある．クラスタの中心は，実際には正規分布のパラメータ μ であり，その事前分布も正規分布でモデリングできる．データを眺めれば，二つのクラスタ中心がどこにありそうかという見当がつく．それぞれ 120 と 190 付近だと思われるが，データを眺めて得た推定値にはそれほどの確信はない．だから，ここでは $\mu_0 = 120$, $\mu_1 = 190$ で $\sigma_{0,1} = 10$ と設定しよう（パラメータは τ だから，PyMC 変数は $1/\sigma^2 = 0.01$ とすることを忘れずに）．

```
taus = 1.0 / pm.Uniform("stds", 0, 33, size=2)**2  # std は標準偏差．
centers = pm.Normal("centers", [120, 190], [0.01, 0.01], size=2)

# 以下の deterministic 関数は，01 のクラスタの割当を
# taus と centers にマップする．

@pm.deterministic
def center_i(assignment=assignment, centers=centers):
    return centers[assignment]


@pm.deterministic
```

3.1 山あり谷あり，分布の地形

```
def tau_i(assignment=assignment, taus=taus):
    return taus[assignment]

print("Random assignments: ",
      assignment.value[:4], "...")  # ランダムな割当
print("Assigned center: ",
      center_i.value[:4], "...")  # 割り当てられた中心
print("Assigned precision: ",
      tau_i.value[:4], "...")  # 割り当てられた精度
```

```
[Output]:

Random assignments:   [0 0 0 0] ...
Assigned center:   [ 118.9889 118.9889 118.9889 118.9889] ...
Assigned precision:   [ 0.0041 0.0041 0.0041 0.0041] ...
```

```
# このモデルに観測を結びつける．
observations = pm.Normal("obs", center_i, tau_i,
                          value=data, observed=True)

# 新しい Model クラスのオブジェクトを作成する．
model = pm.Model([p, assignment, taus, centers])
```

PyMC 直下のネームスペース内に MCMC クラスがあり，これは MCMC の探索アルゴリズムを実行するクラスである．これを初期化するには，Model インスタンスを渡す．

```
mcmc = pm.MCMC(model)
```

MCMC に空間を探索させるメソッドは pm.sample(iterations) である．ここで iterations は，アルゴリズムが実行するステップ数（反復回数）である．以下のコードでは 50,000 ステップを実行する．

```
mcmc = pm.MCMC(model)
mcmc.sample(50000)
```

```
[Output]:

[-----------------100%-----------------] 50000 of 50000 complete in 31.5 sec
```

図3.5は, 未知パラメータ (クラスタ中心, 精度, p) がとった値を順番にプロットしたものである (これらを軌跡と呼ぶ). 軌跡を得るには, MCMC オブジェクトの trace メソッドに PyMC 変数の「名前」を引数として渡せばよい. たとえば, mcmc.trace("centers") は Trace オブジェクトを返す. これに [:] や .gettrace() を使えば, すべての軌跡を得ることができる. また, [1000:] などというインデックスの使い方もできる.

```
figsize(12.5, 9)
line_width = 1

# 色の設定
colors = ["#348ABD", "#A60628"]

center_trace = mcmc.trace("centers")[:]
if center_trace[-1, 0] < center_trace[-1, 1]:
    # 値の大小で色の入れ替え
    colors = ["#A60628", "#348ABD"]

plt.subplot(311)
plt.plot(center_trace[:, 0],
        label="trace of center 0",  # クラスタ 0 の中心の軌跡
        c=colors[0], lw=line_width)
plt.plot(center_trace[:, 1],
        label="trace of center 1",  # クラスタ 1 の中心の軌跡
        c=colors[1], lw=line_width)
plt.title("Traces of unknown parameters")  # 未知パラメータの軌跡
leg = plt.legend(loc="upper right")
leg.get_frame().set_alpha(0.7)

plt.subplot(312)
std_trace = mcmc.trace("stds")[:]
plt.plot(std_trace[:, 0],
        label="trace of standard deviation "
              "of cluster 0",  # クラスタ 0 の標準偏差の軌跡
        c=colors[0], lw=line_width)
plt.plot(std_trace[:, 1],
        label="trace of standard deviation "
              "of cluster 1",  # クラスタ 1 の標準偏差の軌跡
        c=colors[1], lw=line_width)
plt.legend(loc="upper left")

plt.subplot(313)
p_trace = mcmc.trace("p")[:]
plt.plot(p_trace,
        label="$p$: frequency of assignment "
              "to cluster 0",  # クラスタ 0 への割当頻度 p
        color="#467821", lw=line_width)
```

```
plt.xlabel("Steps")      # ステップ数
plt.ylabel('Value')      # 値
plt.ylim(0, 1)
plt.legend()
```

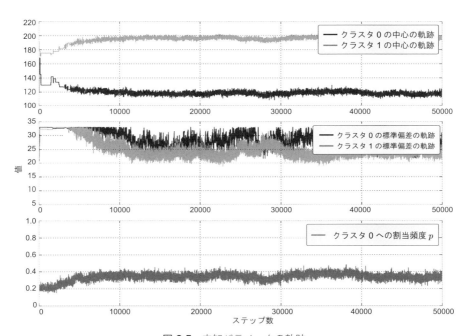

図 3.5　未知パラメータの軌跡

図 3.5 を見ると，以下のような性質があることがわかる．

1. 軌跡は収束するが，ある一点に収束するのではなく，ある分布に収束する．これが MCMC アルゴリズムの「収束」である．
2. 最初の数千点は，最終的にほしい分布とは関係がないため，それらは推論には使えない．サンプルを使って推論する前に，それらの最初の数千点を捨てたほうがよい．この最初の数千点の期間を「バーンイン」（burn-in）と呼ぶ．
3. 軌跡はランダムウォークのように見える．つまり，現在の位置と一つ前の位置には関係があることが見てとれる．このことは，良くもあり悪くもある．今の位置と一つ前の位置は必ず何らかの関係をもっているが，その関係が強すぎると広く空間を探索することができなくなる．これは 3.2 節で詳しく説明する．

確実に収束させるためには，たくさんの MCMC ステップが必要になるが，一旦呼び出した MCMC をもう一度呼び出しても，探索を最初からやり直すことにはならない．先程の MCMC アルゴリズムでは，現在位置だけが重要だった（新しい位置は，現在地の周辺だけで探していた）．その位置は，PyMC 変数の value 属性に暗黙のうちに保存されている．だから，後で再開することを前提にして MCMC アルゴリズムを一旦中止し，その進行具合を確認する，ということをしても問題ない．そうしても value 属性は上書きされずに残ったままになるからである．

MCMC をさらに 100,000 ステップ実行した状況を図 3.6 に示す．

```
mcmc.sample(100000)
```

```
[Output]:

[-----------------100%-----------------] 100000 of 100000 complete in 60.1 sec
```

```
figsize(12.5, 4)

center_trace = mcmc.trace("centers", chain=1)[:]
prev_center_trace = mcmc.trace("centers", chain=0)[:]

x = np.arange(50000)
plt.plot(x, prev_center_trace[:, 0],
        label="previous trace of "
              "center 0",  # クラスタ 0 の中心の最初の軌跡
        lw=line_width, alpha=0.4, c=colors[0])
plt.plot(x, prev_center_trace[:, 1],
        label="previous trace of "
              "center 1",  # クラスタ 1 の中心の最初の軌跡
        lw=line_width, alpha=0.4, c=colors[1])

x = np.arange(50000, 150000)
plt.plot(x, center_trace[:, 0],
        label="new trace of center 0",  # クラスタ 0 の中心の新しい軌跡
        lw=line_width, c=colors[0])
plt.plot(x, center_trace[:, 1],
        label="new trace of center 1",  # クラスタ 1 の中心の新しい軌跡
        lw=line_width, c=colors[1])

plt.title("Traces of unknown center parameters "
          "after sampling 100,000 more times")
leg = plt.legend(loc="upper right")
leg.get_frame().set_alpha(0.8)
```

```
plt.ylabel('Value')    # 値
plt.xlabel("Steps")    # ステップ数
```

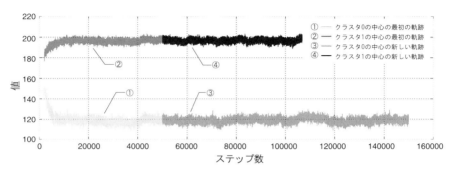

図 3.6 未知パラメータであるクラスタ中心の軌跡．さらに 100,000 回サンプリングした．

MCMC インスタンスの trace メソッドはキーワード引数 chain をもつ．これには，何回目の sample 呼び出しの軌跡を受け取るかを指定する（sample を複数回呼び出すこともあるため，過去のサンプルを取り出せると便利な場合がある）．chain のデフォルトは -1 であり，これは一番最近の sample 呼び出しを指定する設定である．

クラスタを求める

最初の目的を思い出そう．クラスタを見つけ出したいのだった．これまでに，未知数であるクラスタ中心と標準偏差の事後分布を求めることができた．図 3.7 はそれをプロットしたものである．

```
figsize(11.0, 4)
std_trace = mcmc.trace("stds")[:]

_i = [1, 2, 3, 4]
for i in range(2):
    plt.subplot(2, 2, _i[2 * i])
    plt.title("Posterior distribution of center "
              "of cluster %d" % i)  # クラスタ中心の事後分布
    plt.hist(center_trace[:, i], color=colors[i], bins=30,
             histtype="stepfilled")

    plt.subplot(2, 2, _i[2 * i + 1])
    plt.title("Posterior distribution of standard deviation "
              "of cluster %d" % i)  # クラスタ標準偏差の事後分布
    plt.hist(std_trace[:, i], color=colors[i], bins=30,
             histtype="stepfilled")
```

```
        plt.ylabel('Density')  # 密度
        plt.xlabel('Value')    # 値

plt.tight_layout()
```

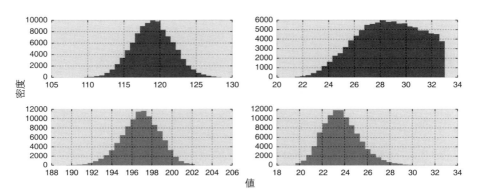

図 3.7 （左上）クラスタ 0 の中心の事後分布．（右上）クラスタ 0 の標準偏差の事後分布．
（左下）クラスタ 1 の中心の事後分布．（右下）クラスタ 1 の標準偏差の事後分布．

MCMC アルゴリズムによれば，最もありえそうなクラスタ中心は 119 と 197 付近にある．同様に，標準偏差は 28 と 23 付近にある．

データ点の割当ラベルの事後分布も mcmc.trace("assignment") で得られる．図 3.8 はこれを可視化したものだ．y 軸は各データ点の事後ラベルを 400 点ごとに表示したもの，x 軸はデータ点の値をソートしたものである．黒はクラスタ 1，灰色はクラスタ 0 への割当を意味する．

```
import matplotlib as mpl
figsize(12.5, 4.5)

plt.cmap = mpl.colors.ListedColormap(colors)
plt.imshow(mcmc.trace("assignment")[::400, np.argsort(data)],
           cmap=plt.cmap, aspect=.4, alpha=.9)

plt.xticks(np.arange(0, data.shape[0], 40),
           ["%.2f" % s for s in np.sort(data)[::40]])
plt.ylabel("Posterior sample")       # 事後ラベル
plt.xlabel("Value of $i$th data point")  # データ点の値
plt.title("Posterior labels of data points")
```

3.1 山あり谷あり，分布の地形

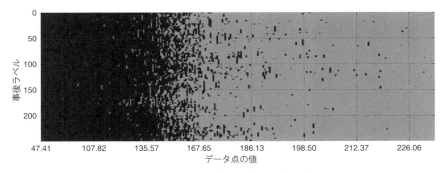

図 3.8 事後分布からサンプリングしたデータ点のラベル

図 3.8 を見ると，150 から 170 の間が最も確信がもてない領域のようであることがわかる．ただし，x 軸は実際のスケールではないため（ソート後の i 番目のデータ点の値になっている），ややわかりにくいかもしれない．図 3.9 のプロットのほうがわかりやすいだろう．こちらは各データ点がクラスタ 0 に属する「頻度」を推定したものである．

```
cmap = mpl.colors.LinearSegmentedColormap.from_list("BMH", colors)

assign_trace = mcmc.trace("assignment")[:]
plt.scatter(data, 1 - assign_trace.mean(axis=0), cmap=cmap,
            c=assign_trace.mean(axis=0), s=50)

plt.ylim(-0.05, 1.05)
plt.xlim(35, 300)
plt.title("Probability of data point belonging to cluster 0")
plt.ylabel("Probability")  # 確率
plt.xlabel("Value of data point")  # データ点の値
```

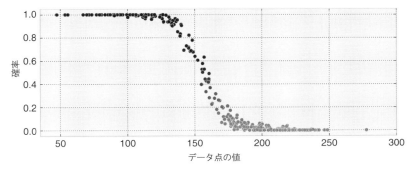

図 3.9 データ点がクラスタ 0 に属する確率

以上，二つのクラスタを二つの正規分布でモデリングしてきた．しかし，得られたのはデータを最もよく表す一つの正規分布ではなく，正規分布のパラメータの分布である．それでは，正規分布の平均と分散を二つずつ選んで，データを最もよく表す正規分布を求めるにはどうしたらよいだろう？

簡単な方法が一つある（第 5 章で見るように，この方法は理論的にも良い性質をもつ）．それは事後分布の「平均」を使うことである．事後分布の平均値をパラメータに用いた二つの正規分布をデータに重ねて表示したものを図 3.10 に示す．

```
norm = stats.norm

x = np.linspace(20, 300, 500)
posterior_center_means = center_trace.mean(axis=0)
posterior_std_means = std_trace.mean(axis=0)
posterior_p_mean = mcmc.trace("p")[:].mean()

plt.hist(data, bins=20, histtype="step", normed=True, color="k",
         lw=2, label="histogram of data")  # データのヒストグラム

y = posterior_p_mean * norm.pdf(x,
                                loc=posterior_center_means[0],
                                scale=posterior_std_means[0])
plt.plot(x, y, lw=3, color=colors[0],
         label="cluster 0 "  # クラスタ 0（事後平均）
               "(using posterior-mean parameters)")
plt.fill_between(x, y, color=colors[0], alpha=0.3)

y = (1 - posterior_p_mean) * norm.pdf(x,
                                      loc=posterior_center_means[1],
                                      scale=posterior_std_means[1])
plt.plot(x, y, lw=3, color=colors[1],
         label="cluster 1 "  # クラスタ 1（事後平均）
               "(using posterior-mean parameters)")
plt.fill_between(x, y, color=colors[1], alpha=0.3)

plt.legend(loc="upper left")
plt.title("Visualizing clusters using posterior-mean parameters")
```

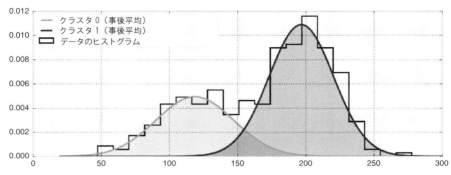

図 3.10 事後平均をパラメータにした正規分布によるクラスタの可視化

3.1.5 事後サンプルを混ぜないで

図 3.10 のデータに対して，クラスタ 0 の標準偏差は非常に大きく，クラスタ 1 の標準偏差は非常に小さい，という説明もできるかもしれないが，前ページまでの推論結果に比べればまったく説得力がない．もっとありえない説明は，両方のクラスタの標準偏差が非常に小さいというもので，データはこの仮説をまったく支持しない．実際のところ，二つの標準偏差は互いに依存している．一方が小さければ，他方は大きいのだ．実際，すべての未知数は多かれ少なかれ依存しあっている．たとえば，標準偏差が大きければ，平均の事後分布は広くなるだろう．逆に標準偏差が小さければ，平均の存在範囲を制限することになる．

MCMC では，未知の事後分布からのサンプルのベクトルが返ってくる．このとき，異なるベクトルの要素を一緒に使ってはならない．さもないと MCMC の論理が崩れてしまう．あるサンプルは，クラスタ 1 が小さい標準偏差をもつ，というものかもしれない．その場合には，そのサンプル中の他の変数はすべて，それに矛盾しないように互いに調整し合ったものになっている．もっとも，この問題を避けることは簡単である．軌跡のインデキシングを間違えなければいい．

このことを図解する小さな例を示そう．二つの変数 x と y の関係が $x + y = 10$ であるとしよう．図 3.11 に示すように，x を平均 4 の正規分布でモデリングし，500 個サンプリングする．

```
import pymc as pm

x = pm.Normal("x", 4, 10)
y = pm.Lambda("y", lambda x=x: 10 - x, trace=True)
```

```
ex_mcmc = pm.MCMC(pm.Model([x, y]))
ex_mcmc.sample(500)

plt.plot(ex_mcmc.trace("x")[:], color=colors[0])
plt.plot(ex_mcmc.trace("y")[:], color=colors[1])
plt.xlabel('Steps')   # ステップ数
plt.ylabel('Value')   # 値
plt.title("Displaying (extreme) case of dependence between unknowns")
```

```
[Output]:

[-----------------100%-----------------] 500 of 500 complete in 0.0 sec
```

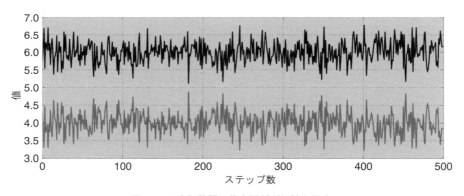

図 **3.11** 未知数間の依存関係が極端な場合

これを見ればわかるように，二つの変数には関係があり，i 番目のサンプルの x と j 番目のサンプルの y を足すことには意味がない．

どちらのクラスタかを予測する

先程のクラスタリングの例に戻ろう．ちなみにこれは，k 個のクラスタに拡張することができる．クラスタ数 $k = 2$ としていたのは，MCMC の結果を可視化しやすく，わかりやすいプロットを見せるのに便利だったからにすぎない．

予測はどうだろう？ たとえば，$x = 175$ という新しいデータ点が観測されたとき，これのラベルをどれかのクラスタに割り当てたいとしよう．一番近いクラスタに割り当てるというやり方はダメだ．クラスタの標準偏差を無視してしまっているからだ．標準偏差を考えるのが重要だということは，これまでのプロットで見てきているはずだ．予測の問題をもっと形式的に言えば，$x = 175$ がクラスタ 1 に割り当てられる「確率」を

推定する，ということである（ラベルには確信度の情報はないので）．x に割り当てられるラベルを L_x とする．その値は 0 か 1 のどちらかをとる．すると，推定したい確率は $P(L_x = 1 \mid x = 175)$ となる．

単純な方法は，このデータ点を追加して，MCMC をもう一度実行することである．しかしこの方法には，データ点が一つ追加されるたびに推論を行うため，処理が非常に遅いという欠点がある．そこで，正確さはやや劣るが，もっと速い方法を試すことにしよう．

そのためにベイズの定理を使う．ベイズの定理はこのような式だった．

$$P(A|X) = \frac{P(X|A)P(A)}{P(X)}$$

この場合，A は $L_x = 1$ というイベントを表し，X は観測データ，つまり $x = 175$ を意味する．パラメータの事後分布からサンプリングした，ある特定のサンプル集合 $(\mu_0, \sigma_0, \mu_1, \sigma_1, p)$ に対して，「x がクラスタ 1 に属する確率は，クラスタ 0 に属する確率よりも高いのだろうか？」ということを考えたい．もちろん確率はそのサンプルのパラメータに依存する．

$$P(L_x = 1|x = 175) > P(L_x = 0|x = 175)$$

$$\frac{P(x = 175|L_x = 1)P(L_x = 1)}{P(x = 175)} > \frac{P(x = 175|L_x = 0)P(L_x = 0)}{P(x = 175)}$$

分母は等しいので，無視できる．つまり，都合のいいことに，計算が困難な $P(x = 175)$ を計算せずに済む．

$$P(x = 175|L_x = 1)P(L_x = 1) > P(x = 175|L_x = 0)P(L_x = 0)$$

```
norm_pdf = stats.norm.pdf

p_trace = mcmc.trace("p")[:]
x = 175

v = p_trace * norm_pdf(x,
                       loc=center_trace[:, 0],
                       scale=std_trace[:, 0]) > \
    (1 - p_trace) * norm_pdf(x,
                             loc=center_trace[:, 1],
                             scale=std_trace[:, 1])

print("Probability of belonging to cluster 1:", v.mean())
```

```
[Output]:
Probability of belonging to cluster 1:  0.025
```

このように，ラベルではなく確率が得られるのは便利である．なぜなら，

```
L = 1 if prob > 0.5 else 0
```

などという素朴な方法に頼るのではなく，損失関数（loss function）を使って最適化できるからだ．第 5 章をまるまる使ってこの話をする．

3.1.6 MAP を使って収束を改善

これまでのサンプルコードを実際に実行してきた読者は，得られた結果は本書の図とまったく同じではない，ということに気がついたかもしれない．自分で実行した場合の結果のクラスタはもっと幅が広いかもしれないし，狭いかもしれない．これは，軌跡が MCMC アルゴリズムの初期値に依存するからだ．

数学的には，MCMC を十分長く（MCMC ステップをたくさん）実行すれば，初期値に依存しなくなるはずである．実際，MCMC が収束するとはそういうことである（が，実際は厳密に収束することはない）．つまり，異なる事後分布が得られているうちは，MCMC は完全には収束していないので，まだサンプルを使わないほうがよい（もっとバーンインを長くしたほうがよい）．

実際，初期値が適切な値ではない場合，収束しなかったり，収束が極端に遅くなることがある．理想は，初期値を事後分布のピークにして，そこからスタートすることである．なぜなら，その付近に事後確率が集中しているからである．そのため，「ピーク」からスタートすれば，短いバーンインでも間違った推論結果にはならない．一般的にこの「ピーク」を事後確率最大（maximum a posterior）の頭文字をとって MAP と呼ぶ．

もちろん，実際には MAP がどこにあるのかはわからない．PyMC には，MAP の位置を求める，または近似するオブジェクトがある．PyMC のネームスペース直下にある MAP オブジェクトがそれだ．これは PyMC の Model インスタンスを受け取る．MAP インスタンスの .fit() メソッドを呼び出せば，モデルの変数がその MAP の値に設定される．

```
map_ = pm.MAP(model)
map_.fit()
```

MAP.fit() メソッドでは，どの最適化アルゴリズムを使うのかをユーザーが選択できる（結局のところ，これは事後分布の最大値を見つける最適化問題なのだ）．選択できるようになっているのは，アルゴリズムごとに性質が異なるためである．fit のデフォルトの最適化アルゴリズムは，SciPy の fmin である（これは最小化なので，事後分布の符号を反転させたものを最小化することになる）．他のアルゴリズムとしては Powell の方法 fit(method='fmin_powell') があり，これは PyMC ブロガーの Abraham Flaxman[1] のお気に入りの方法である．私は，まずはデフォルトを使い，収束が遅かったり収束しない場合には Powell の手法を試す，ということをしている．

MAP は推論問題の解としても使うことができる．数学的には，それは未知数の最も妥当な解だからだ．しかし，本章の最初のほうでも述べたように，MAP の位置だけでは，確信度は無視されて，事後分布全体はわからないままである．

通常は，MAP を使うというのは良いアイデアである．悪くなることはあまりない．だから MAP(model).fit() を mcmc の前に呼び出せばよい．途中で fit を呼び出しても計算が増えることはほとんどなく，バーンインが短くなるので計算時間も短縮されるだろう．

バーンインについて

とはいえ，MCMC.sample の前に MAP を呼び出したとしても，バーンイン期間を設けたほうが安全である．PyMC では，sample の呼び出しで burn パラメータを n に設定すれば，最初の n サンプルを自動的に捨ててくれる．MCMC がいつ収束するのかは誰にもわからないからだ．たとえば，私はサンプリングした値のうち半分を捨てている．MCMC の実行は非常に長くなるものの，90%を捨てることもある．クラスタリングの例では，バーンインを捨てる操作を加えた新しいコードは以下のようになる．

```
model = pm.Model([p, assignment, taus, centers])

map_ = pm.MAP(model)
map_.fit() # MAP 値を各変数の value に設定する．

mcmc = pm.MCMC(model)
mcmc.sample(100000, 50000) # 第 2 引数がバーンイン
```

3.2 収束性の解析
3.2.1 自己相関

自己相関（autocorrelation）とは，データ列が自分自身にどの程度似ているのかを表す指標である．1なら完全な正の自己相関，0なら自己相関はなし，−1なら完全な負の自己相関を意味する．一般的な相関（correlation）を知っているなら，自己相関は時刻 t におけるデータ列 x_t と時刻 $t-k$ におけるデータ列 x_{t-k} の間の相関であると理解すればよい．

$$R(k) = \mathrm{Corr}(x_t, x_{t-k})$$

たとえば，以下の二つのデータ列を考えよう．

$$x_t \sim \mathrm{Normal}(0, 1), \ \ x_0 = 0$$
$$y_t \sim \mathrm{Normal}(y_{t-1}, 1), \ \ y_0 = 0$$

これらは以下のコードで生成されたとする．

```
figsize(12.5, 4)
import pymc as pm

x_t = pm.rnormal(0, 1, 200)
x_t[0] = 0

y_t = np.zeros(200)
for i in range(1, 200):
    y_t[i] = pm.rnormal(y_t[i - 1], 1)

plt.plot(y_t, label="$y_t$", lw=3)
plt.plot(x_t, label="$x_t$", lw=3)

plt.xlabel("Time, $t$") # 時刻 t
plt.ylabel('Value') # 値
plt.title("Two different series of random values")
plt.legend()
```

3.2 収束性の解析

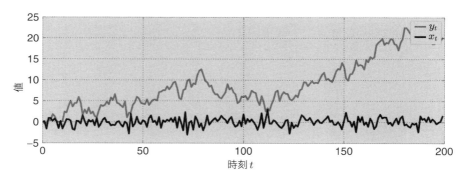

図 3.12 二つの異なるランダムなデータ列

自己相関の解釈に役立つ考え方の一つは,「時刻 s での自分の位置がわかれば,時刻 t で自分がどこにいるのかを知るのに役に立つだろうか?」というものである.データ列 x_t では,答えは No である.なぜなら x_t は毎回独立に(ランダムに)生成されるからだ.たとえ $x_2 = 0.5$ がわかったとしても,x_3 の値を知るには役に立たない.

一方で,y_t には自己相関がある.もし $y_2 = 10$ がわかったとしたら,y_3 は 10 からそれほど離れていないということには確信がもてる.同じように,y_4 についても(確信度は下がるものの),0 や 20 ということはないだろうが,5 ならありえなくもない,と推測できる.さらに y_5 についても,あまり確信はもてないだろうが,推論はできるだろう.この理屈で言えば,時刻差 k が大きくなれば,自己相関は小さくなる.これを可視化したものが図 3.12 である.黒いデータ列 x_t は白色ノイズで(自己相関はない),灰色のデータ列 y_t は再帰的な系列である(自己相関がとても高い).

```python
def autocorr(x):
    # http://tinyurl.com/afz57c4 より
    result = np.correlate(x, x, mode='full')
    result = result / np.max(result)
    return result[result.size // 2:]

colors = ["#348ABD", "#A60628", "#7A68A6"]
x = np.arange(1, 200)

plt.bar(x, autocorr(y_t)[1:], width=1, label="$y_t$",
        edgecolor=colors[0], color=colors[0])
plt.bar(x, autocorr(x_t)[1:], width=1, label="$x_t$",
        color=colors[1], edgecolor=colors[1])

plt.legend(title="autocorrelation")  # 自己相関
plt.ylabel("Measured correlation \n"
```

```
                    "between $y_t$ and $y_{t-k}$.")  # y_t と y_{t - k} の相関
plt.xlabel("$k$ (lag)")  # 時刻差 k
plt.title("Autocorrelation plot of $y_t$ and $x_t$ "
          "for differing $k$ lags")
```

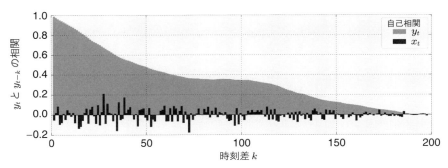

図 3.13　k を変えた場合の y_t と x_t の自己相関

図 3.13 では，k が大きくなれば，y_t の自己相関は減っている．x_t の自己相関はノイズのように見えるので（そして実際そのとおりである），このデータ列には自己相関はないと言うことができる．

MCMC の収束と何の関係があるの？

MCMC アルゴリズムの性質上，得られるサンプルは自己相関をもっている．アルゴリズムが今いる位置から，その周辺の次の位置へと「移動」しているためである．

空間をくまなく探索するような MCMC の系列は，非常に高い自己相関をもつ．視覚的には，軌跡がある場所を中心にうろついているのではなく，川の流れのようになっていれば，自己相関をもっている，と言える．

たとえば，図 3.14 のような緩やかな流れの川のなかの「水分子」を考えよう．水分子の次の行き先は，流れに沿った方向である可能性が高い．しかし，図 3.15 のような乱流の場合には相関が低くなる．理想的には，MCMC の系列はこの乱流のようになるのが望ましい．

乱流の場合，自己相関が低いので，MCMC のサンプルが次にどこに行くのかは予想できない．PyMC の Matplot モジュールには組み込みの自己相関プロット関数がある．

図 **3.14** ゆったりと流れる川[2]　　図 **3.15** 乱流の多い急流[3]

3.2.2　間引き処理

　事後分布からのサンプルが高い自己相関をもっていると問題になることがもう一つある．後処理のアルゴリズムの多くは，サンプルが互いに独立であることを仮定している．自己相関をある程度抑えるためには，ユーザーに n サンプルごとに間引いたものを返せばよい（この処理を間引き，thinning と言う）．図 3.16 は，y_t の間引き間隔を変えてデータ列の自己相関をプロットしたものである．

```
max_x = 200 // 3 + 1
x = np.arange(1, max_x)

plt.bar(x, autocorr(y_t)[1:max_x], edgecolor=colors[0],
        label="no thinning",  # 間引きなし
        color=colors[0], width=1)
plt.bar(x, autocorr(y_t[::2])[1:max_x], edgecolor=colors[1],
        label="keeping every 2nd sample",  # 二つごとに間引き
        color=colors[1], width=1)
plt.bar(x, autocorr(y_t[::3])[1:max_x], edgecolor=colors[2],
        label="keeping every 3rd sample",  # 三つごとに間引き
        color=colors[2], width=1)

plt.autoscale(tight=True)
plt.legend(title="Autocorrelation plot for $y_t$",  # y_t の自己相関
           loc="lower left")
plt.ylabel("Measured correlation \n"
           "between $y_t$ and $y_{t-k}$.")  # y_t と y_{t - k} の相関
plt.xlabel("$k$ (lag)")  # 時間差 k
plt.title("Autocorrelation of $y_t$ (no thinning versus thinning) "
          "at differing $k$ lags")
```

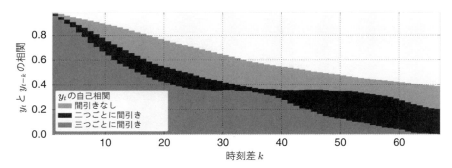

図 3.16　異なる k に対する y_t の自己相関（間引きありとなし）

　間引き間隔を大きくすると，自己相関は急激に減少する．ただしこれはトレードオフである．間引き間隔を大きくすると，同じ数のサンプルを返すためには MCMC ステップ数が多くなる．たとえば，間引きなしの 10,000 サンプルは，100,000 サンプルを 10 サンプルごとに間引いたものとサンプル数としては同じである（ただし後者では自己相関は小さくなる）．

　どのくらい間引けばよいだろう？　いくら間引いたとしても，得られるサンプルはどうしても自己相関をもっている．自己相関が急速に 0 に減少すれば大丈夫だろう．大抵は間引き間隔を 10 以下にすればよい．

　PyMC では，sample を呼び出すときに thinning パラメータを指定することで間引きができる．

```
sample(10000, burn=5000, thinning=5)
# 10,000 サンプル，バーンイン 5,000，間引き間隔 5
```

3.2.3　pymc.Matplot.plot()

　MCMC を実行するたびに，ヒストグラムや自己相関や軌跡をプロットするコードを自分で書く必要はない．PyMC にはこれらを可視化するツールがある．

　名前のとおり，pymc.Matplot モジュールには plot 関数がある．ただし同名の関数との名前の衝突を防ぐために，私はこれを mcplot としてインポートするようにしている．plot 関数（もしくは私の推奨する名前の mcplot）は MCMC オブジェクトを受け取り，各変数の事後分布，軌跡，自己相関を返す（最大 10 変数まで）．

　このツールを使って，thinning=10 として 25,000 回以上サンプリングした後のクラスタ中心をプロットしたものが図 3.17 である．

3.2 収束性の解析

```
from pymc.Matplot import plot as mcplot

mcmc.sample(25000, 0, 10)
mcplot(mcmc.trace("centers", 2), common_scale=False)
```

```
[Output]:

[-----------------100%-----------------] 25000 of 25000 complete in 16.1 sec
Plotting centers_0
Plotting centers_1
```

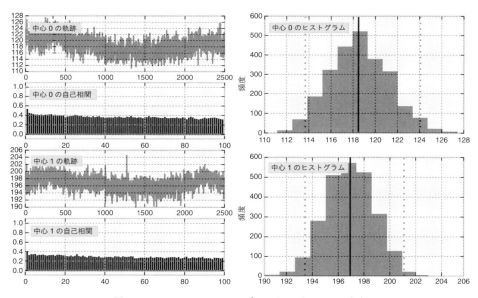

図 3.17 PyMC の MCMC プロットモジュールの出力

この図の右側には，それぞれの center 変数に対して上下二つの図が表示されている．各図の左上には変数の軌跡がプロットされている．この軌跡を見れば収束しているかどうかが判断できて便利である．

右側のプロットはサンプルのヒストグラムであるが，いくつかの要素が追加されている．太い垂直線は事後分布の平均である（事後分布のわかりやすい統計量だ）．二つの垂直点線は事後分布の 95%信用区間を表している（mcplot のデフォルトパラメータを変更すると，95%以外の区間も表示できる）．これは「95%の確率でパラメータがこの区間

に入る」という意味である．なお，説明はしないが，これは95%信頼区間とは違うので注意してほしい．自分の分析結果を公表する場合，この区間に言及することはとても重要である．ベイズ手法を用いる目的の一つは，未知数の確信度をわかりやすく把握することである．95%信用区間を事後平均と組み合わせることは，未知数がどのあたりにありそうなのか（事後平均），またその確信度はどのくらいなのか（区間の幅）を議論するには，とても有用だろう．

図中左下のプロットは自己相関である．これは図 3.16 とは見た目が違うが，実際には，時間差 0 の位置が図の中央にあるか左端にあるかの違いだけである．

3.3 MCMCの使い方のヒント

MCMC の計算量がこれほど大きくなければ，ベイズ推論は標準的なツールになっていただろう．実際，多くの人にとってベイズ推論が実用的なものでないのは MCMC のせいだ．この節では，収束性を高めて MCMC を加速させるノウハウをいくつか紹介する．

3.3.1 良い初期値から始める

事後確率が小さくない場所から MCMC を開始すれば，適切なサンプルを得るまでに時間がかからない．そのために，stochastic 変数の作成時に value パラメータの初期値を良さそうな値に設定する．多くの場合，パラメータの初期値として妥当な候補が存在する．たとえば正規分布のデータの場合，推定するパラメータは μ で，その初期値はデータの平均にするのがよいだろう．

```
mu = pm.Uniform( "mu", 0, 100, value=data.mean() )
```

モデル内の多くのパラメータは，頻度主義の手法で推定値を求めることができる．これらの推定値は MCMC アルゴリズムの初期値にはうってつけである．もちろんすべての変数にこれが適用できるわけではないが，できるだけ適切な初期値を与えるということを忘れないほうがいい．もし初期値が間違っていたとしても，MCMC は適切な事後分布に収束するだろうから，失うものは少ない．MAP を MCMC の初期値にするという理由もこのためである．初期値をどうすればいいのか悩むぐらいなら，MAP を使えばよい．重要なことは，初期値が悪ければ PyMC のバグを引き起こし，収束に悪影響を及ぼす，ということである．

3.3.2 事前分布

事前分布の選び方が悪ければ，MCMC アルゴリズムの収束が遅くなるか，収束しないだろう．パラメータの真の値に対して確率がまったく割り当てられていない事前分布を考えてみよう．どうやっても事後確率は 0 になる．こうなると結果は目も当てられない．

このため，事前分布を慎重に選んだほうがよい．収束しなかったり，サンプルが密集している場合には，事前分布の選び方が悪い場合が多い（以下の引用を参考にしてほしい）．

3.3.3 MCMC についての経験則

経験則というものは，ある分野の人達は当然知っているが，教科書には載っていないような知恵のことである．ベイズ計算の経験則はこうである．

> もし計算量が増えすぎて問題となるのなら，モデルのほうが間違っている．

3.4 おわりに

PyMC はベイズ推論を実行するための強力なバックエンドである．ユーザーは MCMC をその内部構造が抽象化されたものとして扱うことができる．しかしだからこそ，MCMC がサンプリングを反復することで生じるバイアスに，推論結果が影響されないように注意しなければならない．

他の MCMC ライブラリ（たとえば Stan）は，この分野の最近の研究結果に基づいた別の MCMC アルゴリズムを使っている．それらのアルゴリズムは収束性に問題が生じることをより少なくするため，ユーザーにとっての MCMC の抽象度はさらに上がっている．

第 4 章では「大数の法則」を説明する．これを章を設けて説明するのは，それが有用だからであり，またそれが誤用されていることが多いからである．

▶ 文献

[1] Flaxman, Abraham. "Powell's Methods for Maximization in PyMC," Healthy Algorithms. N.p., 9 02 2012. Web. 28 Feb 2013. http://healthyalgorithms.com/2012/02/09/powells-method-for-maximization-in-pymc/.

[2] From "Meandering river blue" by TheLizardQueen, licensed under CC BY 2.0., https://flic.kr/p/95jKe

[3] From "close up to lower water falls..." by Tim Pearce, licensed under CC BY 2.0., https://flic.kr/p/92V9ip

4

偉大な定理，登場
The Greatest Theorem Never Told

4.1 はじめに

本章では，常に私たちの頭の片隅にはあるが，統計の教科書以外では表立って扱われることの少ない，とあるコンセプトに焦点を当てる．実際，これまで紹介したすべての例題でもそのシンプルなアイデアを使ってきているのだ．

4.2 大数の法則

$Z_1, Z_2, \cdots, Z_N$ を，ある確率分布からサンプリングした N 個の独立したサンプルとする．大数の法則（law of large numbers）によれば，期待値 $E[Z]$ が無限大に発散しないかぎり，以下の式が成り立つ．

$$\frac{1}{N}\sum_{i=1}^{N} Z_i \to E[Z], \quad N \to \infty$$

つまり，

同じ分布から得られた確率変数の集合の平均は，その分布の期待値に収束する．

つまらない結果のように思えるかもしれないが，これは実はこれから使う最も有用なツールなのだ．

4.2.1 直感的には

この法則が成り立ちそうだということを，簡単な例題で確かめてみよう．

二つの値 c_1 と c_2 だけをとる確率変数 Z を考えよう．たくさんの Z のサンプルをもっていると仮定して，そのなかのあるサンプルを Z_i と表す．大数の法則は，Z の期待値がこれらのサンプルの平均で近似できる，と言っている．平均してみよう．

$$\frac{1}{N}\sum_{i=1}^{N} Z_i$$

定義から，Z_i は c_1 か c_2 のどちらかの値しかとらないので，この総和を二つに分けることができる．

$$\begin{aligned}
\frac{1}{N}\sum_{i=1}^{N} Z_i &= \frac{1}{N}\left(\sum_{Z_i=c_1} c_1 + \sum_{Z_i=c_2} c_2\right) \\
&= c_1 \sum_{Z_i=c_1} \frac{1}{N} + c_2 \sum_{Z_i=c_2} \frac{1}{N} \\
&= c_1 \times (c_1 \text{ の近似的な頻度}) + c_2 \times (c_2 \text{ の近似的な頻度}) \\
&\approx c_1 \times P(Z=c_1) + c_2 \times P(Z=c_2) \\
&= E[Z]
\end{aligned}$$

等号が成り立つのは無限大の極限においてであるが，平均するサンプルを多く集めれば集めるほど，この近似の精度は良くなる．例外はあるものの，この法則はほとんどどんな分布についても成り立つ．

4.2.2 例題：ポアソン分布に従う確率変数の収束

図 4.1 は，ポアソン分布に従う確率変数の三つのデータ列に対して，それらが大数の法則に従う様子を示している．

これらは，パラメータ $\lambda = 4.5$ のポアソン分布に従う確率変数の，sample_size = 100000 個のサンプル列である（ポアソン分布の期待値はパラメータ λ に等しかったことを思い出そう）．n を 1 から sample_size まで変えて，最初から n サンプルの平均をプロットする．

```
import pymc as pm
import numpy as np
from IPython.core.pylabtools import figsize
import matplotlib.pyplot as plt
```

```
%matplotlib inline

figsize(12.5, 5)

sample_size = 100000
expected_value = lambda_ = 4.5
poi = pm.rpoisson
N_samples = range(1, sample_size, 100)

for k in range(3):
    samples = poi(lambda_, size=sample_size)
    partial_average = [samples[:i].mean() for i in N_samples]
    plt.plot(N_samples, partial_average, lw=1.5,
            label="average of $n$ samples; seq. %d"
            % k)  # n サンプルの平均：系列 0, 1, 2

plt.plot(N_samples, expected_value * np.ones_like(partial_average),
        ls="--", c="k",
        label="true expected value")   # 真の期待値

plt.ylim(4.35, 4.65)
plt.ylabel("Average of $n$ samples")  # n サンプルの平均
plt.xlabel("Number of samples, $n$")  # サンプルの個数
plt.title("Convergence of the average of \n"
        "random variables to their expected value")
plt.legend()
```

図 4.1 を見ると，サンプルの個数が小さいときほど平均のばらつきが大きいことがわかる（最初は平均がばらついているが，次第に落ち着いていく様子を見てほしい）．三つ

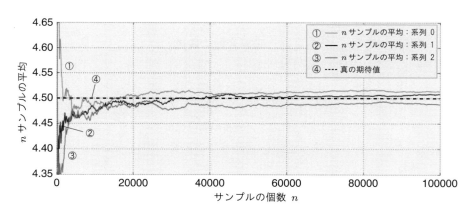

図 **4.1** 確率変数列の平均が期待値に収束する様子

のサンプル列はどれも 4.5 に近づいていき，n を大きくすると 4.5 付近をうろつく．数学者や統計学者はこの「うろつき」を収束と呼ぶ．

次に，「期待値にどのくらい速く収束するのだろう？」という疑問が湧いてくる．これを調べるために別の角度から見てみよう．ある n に対して，このようなサンプル列を何千回も生成して，真の期待値から平均的にどれくらい離れているのかを計算してプロットすればよさそうだ．おっと，お気づきだろうか．今，「平均的に計算する」と言った．ここにもまた，大数の法則が顔を出している！ たとえば，ある n に対して以下の値を計算するとしよう．

$$D(n) = \sqrt{E\left[\left(\frac{1}{n}\sum_{i=1}^{n}Z_i - 4.5\right)^2\right]}$$

この式は，ある n について，真の値から（平均的に）どれだけ距離が離れているのかを表している，と解釈できる（平方根をとるので，この値の次元と確率変数の次元は同じになる）．これは期待値なので，大数の法則を使って近似することができる．そこで，Z_i を平均する代わりに，以下の式を N 回計算して平均をとってみよう．

$$Y_{n,k} = \left(\frac{1}{n}\sum_{i=1}^{n}Z_i - 4.5\right)^2$$

新しく $Y_{n,k}$ を計算するたびに，新しいサンプル列 Z_i を使うことになる．その平均が以下である．

$$\frac{1}{N}\sum_{k=1}^{N}Y_{n,k} \to E[Y_n] = E\left[\left(\frac{1}{n}\sum_{i=1}^{n}Z_i - 4.5\right)^2\right]$$

最後に平方根をとる．

$$\sqrt{\frac{1}{N}\sum_{k=1}^{N}Y_{n,k}} \approx D(n)$$

```
figsize(12.5, 4)

N_Y = 250  # これだけたくさんの Y を使って D(N) を近似する．

# 分散の近似にこれだけ多数のサンプルを使う．
N_array = np.arange(1000, 50000, 2500)
D_N_results = np.zeros(len(N_array))
```

```
lambda_ = 4.5
expected_value = lambda_    # for X ~ Poi(lambda), E[X] = lambda


def D_N(n):
    # この関数は D_n （nサンプルの分散の平均）を近似する．
    Z = poi(lambda_, size=(n, N_Y))
    average_Z = Z.mean(axis=0)
    return np.sqrt(((average_Z - expected_value)**2).mean())

for i, n in enumerate(N_array):
    D_N_results[i] = D_N(n)

# 期待値と平均の距離の期待値
plt.plot(N_array, D_N_results, lw=3,
        label="expected distance between\n"
              "expected value and \n"
              "average of $N$ random variables")
plt.plot(N_array, np.sqrt(expected_value) / np.sqrt(N_array),
        lw=2, ls="--",
        label=r"$\frac{\sqrt{\lambda}}{\sqrt{N}}$")

plt.legend()
plt.xlabel("$N$")
plt.ylabel("Expected squared-distance "
           "from true value")    # 真値との平均二乗距離
plt.title('How "quickly" is the sample average converging?')
```

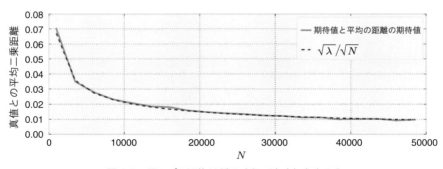

図 **4.2** サンプル平均はどのくらい速く収束する？

予想通り，N が大きくなると，サンプル平均と真の期待値との距離の期待値は小さくなる．しかし，ここで「収束率」が減っていることに注意しよう．つまり，距離の期待

値を 0.020 から 0.015 へと 0.005 だけ減らすためには，10,000 個の追加サンプルが必要になるが，0.015 から 0.010 へと 0.005 だけ減らすためには，さらに 20,000 個のサンプルが必要になる．

この収束率を測ることができる．図 4.2 に破線で $\sqrt{\lambda}/\sqrt{N}$ をプロットした．これは適当に選んだものではない．ほとんどの場合，Z のような確率変数のサンプル列が与えられたら，大数の法則の $E[Z]$ への収束率は以下の式で与えられる．

$$\frac{\sqrt{\mathrm{Var}(Z)}}{\sqrt{N}}$$

この式の意味は知っておいたほうがよいだろう．つまり，大きな N に対して，推定値が（平均的に）どれだけ収束値から離れているのかを表している．一方でベイズ推論の場合，これはそれほど役に立つ結果ではないように見える．ベイズ推論は不確実さを扱えるのが特徴であり，さらに精度を上げることに，統計的な意味はあまりないと考えられるからだ．ただし，サンプリングに要する計算量が少ない場合は，N を大きくしても問題にはならない．

4.2.3 Var(Z) をどうやって計算する？

分散もまた，別の期待値にすぎないため，近似することができる．次の状況を考えてみよう．（大数の法則で）期待値が得られたら（それを μ としよう），分散も推定できる．

$$\frac{1}{N}\sum_{i=1}^{N}(Z_i - \mu)^2 \to E[\,(Z-\mu)^2\,] = \mathrm{Var}(Z)$$

4.2.4 期待値と確率

期待値と確率の推定の関係は，あまり自明なものではない．次の指示関数（indicator function）を定義しよう．

$$\mathbf{1}_A(x) = \begin{cases} 1 & (x \in A \text{ のとき}) \\ 0 & (\text{それ以外}) \end{cases}$$

大数の法則により，たくさんのサンプル X_i があれば，イベント A の確率 $P(A)$ を推定できる．

$$\frac{1}{N}\sum_{i=1}^{N}\mathbf{1}_A(X_i) \to E[\mathbf{1}_A(X)] = P(A)$$

ちょっと考えれば，これは非常に自明だろう．指示関数はイベントが発生したときに 1 をとるので，イベントが発生した回数を足し合わせて，すべての試行回数で割れば期待値になる（頻度で確率を近似しているいつものやり方を思い出そう）．たとえば，$Z \sim \text{Exp}(0.5)$ が 10 よりも大きい確率を推定したいとしよう．指数分布 $\text{Exp}(0.5)$ からたくさんの値をサンプリングして，以下のようにする．

$$P(Z > 10) = \sum_{i=1}^{N}\mathbf{1}_{z>10}(Z_i)$$

```
import pymc as pm
N = 10000
print(np.mean([pm.rexponential(0.5) > 10 for i in range(N)]))
```

```
[Output]:

0.0069
```

4.2.5 つまりベイズ統計と何の関係があるのか？

第 5 章で紹介する点推定（point estimates）は，ベイズ推論では期待値の計算に帰着する．もっと解析的にベイズ推論を行う場合には，多重積分で表される複雑な期待値計算が要求されるだろう．しかし，本書のアプローチならそれは必要ない．もし事後分布から直接サンプリングできるなら，単にその平均を求めるだけでよい．簡単だ．もし精度が重要なら，図 4.2 のようにプロットすれば，収束しているかどうかがひと目でわかるだろう．さらに精度を上げたければ，事後分布からもっとたくさんサンプリングすればいい．

どれだけサンプリングすれば十分だろうか？　事後分布からのサンプリングをいつ止めたらいいのだろう？　これは実際のケースに応じて決めなければならないし，サンプルの分散にも依存する（分散が大きければ収束も遅い，ということを思い出そう）．

また，大数の法則は成り立たない場合もあるということを理解しておくべきだろう．名前のとおり，この法則が成り立つのはサンプルサイズ N が大きいときだけである．十分なサンプルがなければ，結果が信用できない．法則が成り立たない状況を知っておくことは，どんな場合に確信をもてないのかを知る手がかりになるだろう．この問題については 4.3 節でも取り上げる．

4.3 サンプルサイズが小さいという災い

N が無限に大きいときにのみ大数の法則は成立する．しかし，無限にたくさんのサンプルを用意することは不可能である．この法則はパワフルなツールではあるが，闇雲に適用するのはいただけない．このことを次の例で示そう．

4.3.1 例題：集約されたデータの扱い

データは集約された形で得られる場合もある．たとえばデータが町，県，国などの地域単位で得られる場合がそれだ．当然，人口はその地域ごとに異なる．もしデータが地域単位の特性の平均だとすれば，人口が少ない地域では大数の法則が成り立たないかもしれない，ということに気をつけなければならない．

このことを単純なデータセットで見てみよう．このデータセットのなかには 5,000 の地域があり，各地域の人口は 100 から 1,500 の間で一様分布すると仮定する（人口の設定の仕方は議論には影響しない）．ここで測定したいのは，地域ごとの平均身長だとする．しかし，私たちは次の真実を知らないとしよう．実は身長はどの地域でも同じ，つまり各個人の身長の分布は住んでいる地域によらず同じなのである．

$$身長 \sim \text{Normal}(150, 15)$$

地域レベルで身長データを集約すると，データとして得られるのは各地域の平均だけである．このデータはどのように見えるだろうか？

```
figsize(12.5, 4)
std_height = 15
mean_height = 150

n_counties = 5000
pop_generator = pm.rdiscrete_uniform
norm = pm.rnormal

# データの生成
population = pop_generator(100, 1500, size=n_counties)

average_across_county = np.zeros(n_counties)
for i in range(n_counties):
    # 個人の身長を生成して，平均をとる．
    average_across_county[i] = norm(mean_height,
                                    1. / std_height**2,
                                    size=population[i]).mean()

# 極端な平均身長をもつ地域を見つける．
```

```python
    i_min = np.argmin(average_across_county)
    i_max = np.argmax(average_across_county)

    # 人口と平均値をプロットする.
    plt.scatter(population, average_across_county,
                alpha=0.5, c="#7A68A6")
    plt.scatter([population[i_min],
                 population[i_max]],
                [average_across_county[i_min],
                 average_across_county[i_max]],
                s=60, marker="o", facecolors="none",
                edgecolors="#A60628", linewidths=1.5,
                label="extreme heights")  # 極端な身長

    plt.plot([100, 1500], [150, 150], color="k", ls="--",
             label="true expected height")  # 身長の真の期待値

    plt.xlim(100, 1500)
    plt.title("Average height versus county population")
    plt.xlabel("County population")  # 地域人口
    plt.ylabel("Average height in county")  # 地域の平均身長
    plt.legend(scatterpoints=1)
```

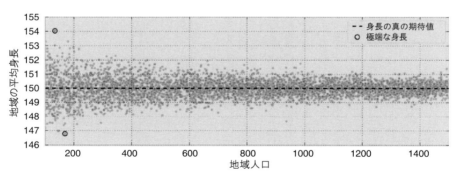

図 4.3 人口に対する平均身長のプロット

何が観測されることになるのだろう？　人口が多いか少ないかを考慮に入れなければ，重大な過ちを犯すリスクがある．つまり，図 4.3 の丸のついたデータが，最も身長が高い地域と低い地域である，と結論してしまうのである．しかしこの推論は間違っている．その理由は，この二つの地域が最も高い（低い）身長をもつ地域とは限らないからだ．この間違いは，少ない人口の地域のデータを平均したせいで，その地域の真の期待値（つまり $\mu = 150$）が反映されていないことによる．サンプルサイズ（人口）N が，大数の

法則を適用するには小さすぎるのである．

この推論に問題がある理由をもう一つ挙げよう．地域人口は100から1,500まで一様分布していると仮定していた．直感的には，身長が極端に高い地域の人口も100から1,500まで一様分布しており，人口とは無関係になると思うだろうが，そうはならない．身長が極端に高い地域の人口を見てみよう．

```
# 身長が低い地域トップ 10
print("Population sizes of 10 'shortest' counties: ")
print(population[np.argsort(average_across_county)[:10]])

# 身長が高い地域トップ 10
print("Population sizes of 10 'tallest' counties: ")
print(population[np.argsort(-average_across_county)[:10]])
```

```
[Output]:

Population sizes of 10 'shortest' counties:
[111 103 102 109 110 257 164 144 169 260]
Population sizes of 10 'tallest' counties:
[252 107 162 141 141 256 144 112 210 342]
```

見てのとおり，この人口は100から1,500までの一様分布にはなっていない（少ない人口の地域ばかりがランクインしている）．大数の法則が成り立たないからだ．

4.3.2　例題：Kaggle のアメリカ国勢調査回答率コンテスト

次のデータ[1]は，2010年のアメリカ国勢調査で，州単位ではなくブロックグループ（町のブロックに相当する調査の単位）のレベルで集計されたものである．これはKaggleの機械学習コンテストの一つのデータセットで，私は同僚と一緒にそのコンテストに参加した．このコンテストの目的は，国勢調査の項目（収入の中央値，ブロックグループ内の女性の数，トレーラー駐車場の数，子供の平均人数，など）から国勢調査返送率（0から100まで）をブロックグループ単位で予測するというものである．図4.4は，ブロックグループの人口に対して国勢調査返送率をプロットしたものである．

```
from os import makedirs
makedirs("data", exist_ok=True)  # フォルダの作成
```

---

[1] 訳注：https://github.com/CamDavidsonPilon/Probabilistic-Programming-and-Bayesian-Methods-for-Hackers/blob/master/Chapter4_TheGreatestTheoremNeverTold/data/census_data.csv （短縮URL https://git.io/vXtMv）

第 4 章 ▶ 偉大な定理, 登場

```
from urllib.request import urlretrieve
# データのダウンロード
urlretrieve("https://git.io/vXtMv", "data/census_data.csv")
```

```
figsize(12.5, 6.5)
data = np.genfromtxt("data/census_data.csv",
                     skip_header=1, delimiter=",")

plt.scatter(data[:, 1], data[:, 0], alpha=0.5, c="#7A68A6")

i_min = np.argmin(data[:, 0])
i_max = np.argmax(data[:, 0])
plt.scatter([data[i_min, 1], data[i_max, 1]],
            [data[i_min, 0], data[i_max, 0]],
            s=60, marker="o", facecolors="none",
            edgecolors="#A60628", linewidths=1.5,
            label="most extreme points")  # 最も極端な値

plt.title("Census mail-back rate versus population")  # 返送率と人口
plt.ylabel("Mail-back rate")  # 返送率
plt.xlabel("Population of block group")  # ブロックグループの人口
plt.xlim(-100, 15e3)
plt.ylim(-5, 105)
plt.legend(scatterpoints=1)
```

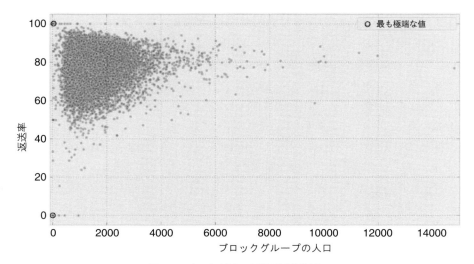

図 **4.4** 人口に対する国勢調査返送率

この図に見られるのは，統計における古典的な現象である．「古典的」と言ったのは，散布図 4.4 のデータが三角形に分布していることを指している．サンプルサイズを増やせば，密な三角形の形になる（大数の法則がより強くはたらくので）．

　このことについて，私はくどく強調しすぎかもしれない．もはや本書のタイトルを「それはビッグデータではありません！」にしたほうが似合うかもしれない．この例で問題になっているのがビッグデータではなく「スモールデータ」であるということに，再度注意を促したい．大きなデータセットなら（実際に「ビッグデータ」なので）大数の法則を適用できるが，小さいデータセットの場合には大数の法則が当てはまらない．以前にも言ったように，逆説的ではあるが，ビッグデータの予測問題は比較的シンプルなアルゴリズムで解ける．大数の法則が適用できるなら比較的安定した解が得られるということを理解すると，この逆説の謎は解けるかもしれない．データ点をいくつか追加したり減らしたりしても，解にはほとんど影響がない．しかし，スモールデータからデータ点をいくつか追加したり減らしたりすると，結果は大きく変わってしまう．

　大数の法則に潜む罠をもっと知りたければ，「最も危険な方程式」("The Most Dangerous Equation")◆1 を読むとよいだろう．

4.3.3　例題：Reddit コメントをソートする

　冒頭では，大数の法則は誰でも無意識に使っていると述べた．それは本当だろうか？ネット通販サイトのレーティングを考えてみよう．平均が五つ星だが評価者が 1 人しかいない商品を，あなたはどのくらい信頼するだろうか？　2 人なら？　3 人なら？　無意識のうちに，評価者が少ないときの平均評価は，そのアイテムの本当の価値を反映していない，ということを私たちは理解している．

　このことは，私たちがアイテムをソート（並べ替え）するときや，より一般に比較をするときに，厄介な問題となる．本やビデオやコメントなどのオンラインで検索したアイテムを評価順にソートしても，期待した結果は得られない，ということに多くの人が気がついているだろう．多くの場合，「トップ」のビデオやコメントは，数人の熱狂的なファンが満点の 5 をつけただけだ．本当に価値の高いビデオやコメントは，評価が 4.8 という高得点なのに，残念ながら「次のページへ」をクリックしないと見つからない．どうやったらこの問題を解決できるだろうか？

◆1　http://faculty.cord.edu/andersod/MostDangerousEquation.pdf
　　訳注： Howard Wainer, "The Most Dangerous Equation," American Scientist, Volume 95, Number 3, Page: 249, May-June 2007, DOI: 10.1511/2007.65.249, http://www.americanscientist.org/issues/pub/the-most-dangerous-equation/1

アメリカの掲示板サイト Reddit の例を考えてみよう（ただし，Reddit の URL はあえて載せていない．病み付きになることで有名なので，この本に戻ってこなくなるかもしれないからだ）．このサイトは，文章や画像へのリンク集であり，各リンクへのコメントがこのサイトの重要な部分を占めている．Redditor たち（このサイトのユーザーはそう呼ばれている）は，各コメントの評価を上げるか下げるかに投票することができる（それぞれ upvote と downvote という）．Reddit はデフォルトでコメントを降順にソートしている．つまりベストなコメントがトップにきている．どのコメントがベストなのかをどうやって決めたらよいだろう？　そのためにはいくつか方法が考えられる．

1. **人気度**（popularity）：たくさんの upvote があればそのコメントは良いとみなす．この方法の問題は，そのコメントに upvote が数百あっても，downvote は数千もあるかもしれないことだ．人気度が高くても，それがベストかどうかには議論の余地がある．
2. **投票の差**（difference）：これは upvote と downvote の差を使う．これは人気度の問題を解決するのだが，コメントの時間的な推移を見ることができない．もとのリンクが投稿されて何時間も経ってからコメントが投稿されることもある．だから，新しいコメントよりも，upvote がたくさんあるであろう最も古いコメントがトップになりやすい．しかし，最古のコメントがベストとは限らない．
3. **時間調整**（time adjusted）：これは投票の差をコメントの古さで割ったものだ．これは「1 秒あたりの差」「1 分あたりの差」という，ある意味での速度になる．この指標が問題になる例はいくらでもある．100 秒経過したコメントの upvote が 99 あっても，1 秒経過したコメントに upvote が一つあれば，そちらのほうが良いことになる．これを回避するには，少なくとも t 秒は経過したコメントだけを考える，という手がある．しかし t の値をどうすればよいだろう？　t 秒経過していないコメントで良いものはない，とみなしてしまってよいのだろうか？　この指標では，変動しやすい最近のコメントの値と，安定した古いコメントの値を比較してしまうことになる．
4. **比率**（ratio）：これはすべての投票数（upvote と downvote の和）に対する upvote の比である．新しいコメントも，upvote の割合が高ければ，古いコメントと同様に良いとみなされるので，時間調整のときの問題は解決される．ここでの問題は，999 の upvote と一つの downvote をもっているコメント A（比率は 0.999）よりも，upvote を一つだけもっているコメント B（比率は 1.0）のほうが良いとみなされてしまうことである．明らかに 999 の upvote をもっているほうが良い可能性が高い．

上の文章では，「可能性が高い」という言葉を使った．999 の upvote をもつコメント A よりも，upvote が一つしかないコメント B のほうが実際に良い，という可能性はあ

るからだ．しかし，それに賛成するのは少し待ったほうがいい．コメント B にこれから追加されるだろう 999 個の投票結果をまだ見ていないのだから．その結果，その 999 個全部が upvote で downvote は一つもない，ということになるかもしれないが，その可能性は低い．

本当に知りたいのは「真の upvote の比率」の推定値である．なお，真の upvote の比率は，観測された upvote の比率とは同じではない．真の upvote の比率は未知であり，観測されるのは比率ではなく投票の数である（真の upvote の比率を「このコメントに誰かが upvote を投票する潜在的な確率」と考えてもいい）．999 の upvote と一つの downvote をもつコメントの真の upvote の比率は，おそらく 1 に非常に近い．大数の法則のおかげで，確信をもってそう断言できるのだ．一方で，投票は upvote が一つだけというコメントの真の upvote の比率については，確信をもてない．だからこれは，ベイズ推論の問題となる．

upvote 比率の事前分布を決める一つの方法は，upvote 比率の過去の分布を眺めることだ．Reddit のコメントを収集すれば，分布を決められる．ただしこの方法にはいくつかの問題点がある．

1. データの歪み：大多数のコメントはほとんど投票されていないので，極端な比率をもつコメントが大半だろう（図 4.4 の Kaggle データで見た「三角形」のプロットの左端付近を見てみよう）．そのため，データの分布はその極端な値の方向に歪んでいる．そこで，しきい値以上の投票をもつコメントだけを使う，という方法もできるだろう．しかしここでも，利用できるコメント数と，比率の精度を保つためのしきい値の間のトレードオフが問題となる．
2. データの偏り：Reddit は subreddit と呼ばれる複数のサブページから構成されている．たとえば，かわいい動物の写真の投稿ページ r/aww と政治を議論するページ r/politics の二つの subreddit は，コメントの傾向がまったく違うだろう．動物写真ページの訪問者はフレンドリーで upvote をつけやすいだろうが，政治ページのコメントは議論になりやすく反対意見も多いだろう．このように，すべてのコメントは平等ではない．

以上を加味して，一様分布 Uniform を事前分布に使うことにする．

事前分布を決めれば，真の upvote 比率の事後分布を求めることができる．top_showerthoughts_submissions.py は，Reddit からコメントを収集する Python スクリプトである[◆1]．以下では，ある投稿[3][◆2] に寄せられたコメントを収集して分析している[◆3]．

```
from os import makedirs
makedirs("data", exist_ok=True)  # フォルダの作成

from urllib.request import urlretrieve
# データのダウンロード
urlretrieve("https://git.io/vXtX2",
            "top_showerthoughts_submissions.py")

import praw  # praw モジュール（バージョン 3.6.0）が必要．
```

```
# %run コマンドで呼び出すスクリプトの引数は収集するコメント数
# 訳注：数分かかります．
%run top_showerthoughts_submissions.py 2

print("Title of submission:")
print(top_post)
```

```
[Output]:

Title of submission:
Frozen mining truck
http://i.imgur.com/0YsHKlH.jpg
```

[◆1] 訳注：https://github.com/CamDavidsonPilon/Probabilistic-Programming-and-Bayesian-Methods-for-Hackers/blob/master/Chapter4_TheGreatestTheoremNeverTold/top_showerthoughts_submissions.py （短縮 URL https://git.io/vXtX2）
[◆2] http://i.imgur.com/0YsHKlH.jpg
[◆3] 訳注：書籍版のスクリプトは，画像についてのコメントを収集する top_pic_comments.py という古いものだったが，コミット 61767bc で削除され，現在の新しいものになっている．この翻訳版では，出力などは書籍版のものを利用しているが，コードは github 版で使われている top_showerthoughts_submissions.py に変更してある．ただし praw モジュールのバージョンは 3.6.0 にのみ対応しており，最新の 4.1.0 以降では動作しない（仕様が変わったため）．pip でインストールするなら pip install praw==3.6.0 とする．古いコードに興味のある方は https://raw.githubusercontent.com/CamDavidsonPilon/Probabilistic-Programming-and-Bayesian-Methods-for-Hackers/3a49c1e4dc501ec44bdcb147d075abdd6dd0d84d/Chapter4_TheGreatestTheoremNeverTold/top_pic_comments.py （短縮 URL https://git.io/vXtXd）を参照．

```
# contents: すべてのコメントの文字列の array
# votes: 各コメントに対する upvote と downvote の 2D Numpy array

n_comments = len(contents)
comments = np.random.randint(n_comments, size=4)
print("Some Comments (out of %d total) \n-----------"
      % n_comments)    # いくつかのコメント

for i in comments:
    print('"' + contents[i] + '"')
    print("upvotes/downvotes: ", votes[i, :], "\n")
```

```
[Output]:

Some Comments (out of 77 total)
-----------
"Do these trucks remind anyone else of Sly Cooper?"
upvotes/downvotes:  [2 0]

"Dammit Elsa I told you not to drink and drive."
upvotes/downvotes:  [7 0]

"I've seen this picture before in a Duratray (the dump box supplier) brochure..."
upvotes/downvotes:  [2 0]

"Actually it does not look frozen just covered in a layer of wind packed snow."
upvotes/downvotes:  [120  18]
```

真の upvote 比率 p と投票数 N が与えられたら，upvote 数は，p と N をパラメータにもつ二項分布に従うように見える（これは，N 個の投票について，upvote の比率と upvote に投票する確率が等価だからだ）．以下では，各コメントの upvote/downvote ペアに対して，p の値のベイズ推論を行う関数を生成する．

```
import pymc as pm


def posterior_upvote_ratio(upvotes, downvotes, samples=20000):
    """
    引数：
    ・ある特定のコメントについての upvote と downvote の数
    ・返り値となる事後分布からのサンプル数
    一様事前分布を仮定する．
```

```
"""
N = upvotes + downvotes
upvote_ratio = pm.Uniform("upvote_ratio", 0, 1)
observations = pm.Binomial("obs", N, upvote_ratio,
                           value=upvotes, observed=True)
# 推論を実行する．まず，計算量は少ないが有用な MAP を求める．
map_ = pm.MAP([upvote_ratio, observations]).fit()
mcmc = pm.MCMC([upvote_ratio, observations])
mcmc.sample(samples, samples / 4)
return mcmc.trace("upvote_ratio")[:]
```

結果として得られた事後分布が図 4.5 である．

```
figsize(11., 8)
colors = ["#348ABD", "#A60628", "#7A68A6", "#467821", "#CF4457"]

posteriors = []
for i in range(len(comments)):
    j = comments[i]
    label = '(%d up:%d down)\n%s...' % (
        votes[j, 0], votes[j, 1], contents[j][:50])
    posteriors.append(posterior_upvote_ratio(votes[j, 0],
                                             votes[j, 1]))
    plt.hist(posteriors[i], bins=18, normed=True, alpha=.9,
             histtype="step", color=colors[i % 5], lw=3, label=label)
    plt.hist(posteriors[i], bins=18, normed=True, alpha=.2,
             histtype="stepfilled", color=colors[i], lw=3)

plt.legend(loc="upper left")
plt.xlim(0, 1)
plt.ylabel("Density")  # 密度
plt.xlabel("Probability of upvote")  # upvote 比率
plt.title("Posterior distributions of upvote ratios "
          "on different comments")
```

```
[Output]:

[****************100%******************] 20000 of 20000 complete
```

図 4.5 に示すように，非常に狭い事後分布もあれば，裾野が非常に広いロングテールな分布もある．これは真の upvote 比率の確信度合いを表している．

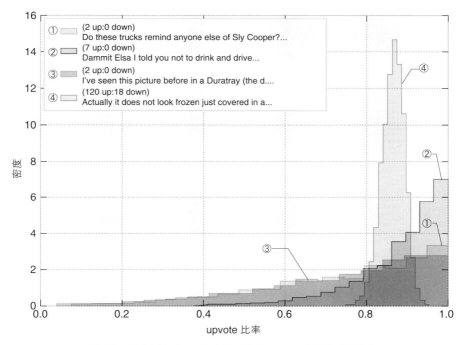

図 **4.5** それぞれのコメントに対する upvote 比率の事後分布

4.3.4 ソート！

ここまでは，この例題の目標を無視してきた．つまり，どうやってコメントを並べ替えるか，という問題である．もちろん事後分布をソートすることはできない．スカラー値でなければダメだ．分布をスカラーに変換する方法はいろいろある．期待値（平均）を使うのも一つの方法だが，平均は，分布の広さを表していないので不十分だ．

ここでは **95%信用下限**（95% least plausible value）を使おう[1]．この値は，真のパラメータの値がそれよりも小さくなる確率はたった5%である値，と定義される（95%信用区間の下限値と考えてもいい）．以下のコードは，事後分布に加えて，95%信用下限をプロットするものである．

```
N = posteriors[0].shape[0]
lower_limits = []

for i in range(len(comments)):
    j = comments[i]
```

---

[1] 訳注：「信用下限」という用語は一般的ではないが，対応する訳語がないため本書ではこれを採用した．

```
        label = '(%d up:%d down)\n%s...' % (
            votes[j, 0], votes[j, 1], contents[j][:50])
        plt.hist(posteriors[i], bins=20, normed=True, alpha=.9,
                 histtype="step", color=colors[i], lw=3, label=label)
        plt.hist(posteriors[i], bins=20, normed=True, alpha=.2,
                 histtype="stepfilled", color=colors[i], lw=3)
        v = np.sort(posteriors[i])[int(0.05 * N)]
        plt.vlines(v, 0, 10,
                   color=colors[i], linestyles="--", linewidths=3)
        lower_limits.append(v)

plt.legend(loc="upper left")
plt.xlabel("Probability of upvote")  # upvote 比率
plt.ylabel("Density")  # 密度
plt.title("Posterior distributions of upvote ratios "
          "on different comments")
order = np.argsort(-np.array(lower_limits))
print(order, lower_limits)
```

```
[Output]:

[3 1 2 0] [0.36980613417267094, 0.68407203257290061, 0.37551825562169117,
0.8177566237850703]
```

この手順による「ベスト」なコメントは，upvote比率が高くなりそうなコメントである．これは，プロット中で95％信用下限が1に近いコメントである．図4.6の垂直破線が95％信用下限である．

この指標で評価するのがなぜよいのか？　95％信用下限でソートすると，最も保守的な意味でのベストになっているからである．つまり，upvote比率を極端に高く見積もりすぎたという最悪の場合でも，ベストなコメントはトップのままとなる．このソートでは，以下のようなとても自然な性質を課していることになる．

1. upvote比率が同じ二つのコメントが与えられた場合，より多くの投票をもつコメントのほうを良いとみなす（比率が高いということに確信をもてるから）．
2. 投票数が同じ場合，upvoteが多いほうを良いとみなす．

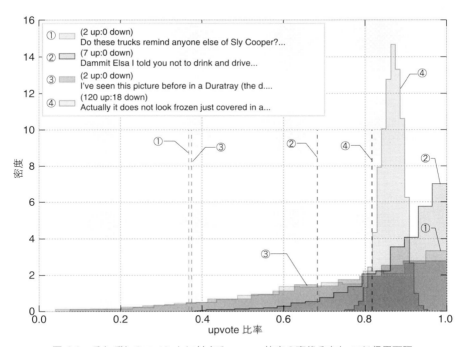

図 **4.6** それぞれのコメントに対する upvote 比率の事後分布と 95%信用下限

4.3.5 でも計算が遅すぎる！

　同感だ．各コメントの事後分布を計算するには時間がかかるし，計算している間にもデータは変わってしまうだろう．数学的な詳細は付録で説明するとして，ここでは信用下限の近似下界を素早く計算する次の公式を使うことにする．

$$\frac{a}{a+b} - 1.65\sqrt{\frac{ab}{(a+b)^2(a+b+1)}}$$

ここで

$$a = 1 + u$$
$$b = 1 + d$$

であり，u は upvote の数，d は downvote の数である．付録で解説するこの公式はベイズ推論における計算のトリックであり，6.6 節の共役事前分布を解説するときに詳しく説明する．

```python
def intervals(u, d):
    a = 1. + u
    b = 1. + d
    mu = a / (a + b)
    std_err = 1.65 * np.sqrt((a * b) / ((a + b)**2 * (a + b + 1.)))
    return (mu, std_err)

posterior_mean, std_err = intervals(votes[:, 0],
                                     votes[:, 1])
lb = posterior_mean - std_err

print("Approximate lower bounds:\n", lb, "\n")  # 近似的な下界
print("Top 40 sorted according to "
      "approximate lower bounds:\n")  # 近似下界でソートしたトップ 40

order = np.argsort(-lb)
ordered_contents = []
for i in order[:40]:
    ordered_contents.append(contents[i])
    print(votes[i, 0], votes[i, 1], contents[i])
    print("-------------")
```

```
[Output]:

Approximate lower bounds:
[ 0.83167764  0.8041293   0.8166957   0.77375237  0.72491057 0.71705212
  0.72440529  0.73158407  0.67107394  0.6931046   0.66235556 0.6530083
  0.70806405  0.60091591  0.60091591  0.66278557  0.60091591 0.60091591
  0.53055613  0.53055613  0.53055613  0.53055613  0.53055613 0.43047887
  0.43047887  0.43047887  0.43047887  0.43047887  0.43047887 0.43047887
  0.43047887  0.43047887  0.43047887  0.43047887  0.43047887 0.43047887
  0.43047887  0.43047887  0.43047887  0.47201974  0.45074913 0.35873239
  0.3726793   0.42069919  0.33529412  0.27775794  0.27775794 0.27775794
  0.27775794  0.27775794  0.27775794  0.13104878  0.13104878 0.27775794
  0.27775794  0.27775794  0.27775794  0.27775794  0.27775794 0.27775794
  0.27775794  0.27775794  0.27775794  0.27775794  0.27775794 0.27775794
  0.27775794  0.27775794  0.27775794  0.27775794  0.27775794 0.27775794
  0.27775794  0.27775794  0.27775794  0.27775794  0.27775794]

Top 40 sorted according to approximate lower bounds:

327 52 Can you imagine having to start that? I've fired up much smaller
    equipment when its around 0°  out and its still a pain. It would
    probably take a crew of guys hours to get that going. Do they have
    built in heaters to make it easier? You'd think they would just let
```

```
    them idle overnight if they planned on running it the next day
    though.
-------------
120 18 Actually it does not look frozen just covered in a layer of wind
    packed snow.
-------------
70 10 That's actually just the skin of a mining truck. They shed it
    periodically like snakes do.
-------------
76 14 The model just hasn't been textured yet!
-------------
21 3 No worries, [this](http://imgur.com/KeSYJud) will help.
-------------
7 0 Dammit Elsa I told you not to drink and drive.
-------------
 (以下略)
```

ソート結果を視覚的に見るには，事後分布の平均と上下界をプロットして，下界でソートすればよい．図 4.7 はバーの左端（すなわち下界）でソートしてある（先述のように，ソートするには最も良い方法だ）．一方，丸で示してある平均には何のパターンも見いだせない．

```
r_order = order[::-1][-40:]
plt.errorbar(posterior_mean[r_order],
             np.arange(len(r_order)),
             xerr=std_err[r_order],
             capsize=0, fmt="o", color="#7A68A6")
plt.xlim(0.3, 1)
plt.yticks(np.arange(len(r_order) - 1, -1, -1),
           map(lambda x: x[:30].replace("\n", ""),
               ordered_contents))
```

図 4.7 を見れば，平均でソートする方法はベストとは言えないことがわかるだろう．

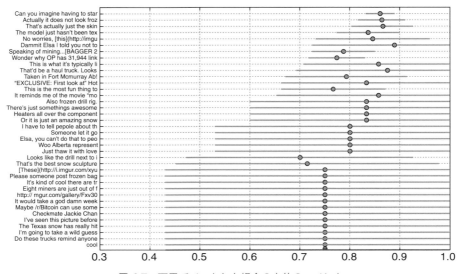

図 4.7　下界でソートした場合の上位のコメント

4.3.6　評価システムへの拡張

上記の方法は，upvote と downvote という評価には使えるが，五つ星をつけるような評価システムの場合はどうだろうか？　単純に平均をとる方法の問題点はここでも現れる．数千もの五つ星がついたアイテムに四つ星が一つでもつけば，五つ星が二つしかついていないアイテムに負けてしまうだろう．

upvote/downvote 問題を，0/1 の 2 値問題とみなそう．0 が downvote で，1 が upvote だ．N つ星評価システムはその連続版と考えられる．n つ星がついたら，n/N がついたとみなすのだ．たとえば五つ星システムの場合，二つ星の評価は 0.4 になる．満点は 1 だ．こうすると，a, b を定義し直せば，upvote/downvote 問題と同じ公式を使うことができる．

$$\frac{a}{a+b} - 1.65\sqrt{\frac{ab}{(a+b)^2(a+b+1)}}$$

ここで

$$a = 1 + S$$
$$b = 1 + N - S$$

であり，N は評価したユーザーの数，S はすべての評価の和である（評価は前述したとおり）．

4.4 おわりに

大数の法則はステキだが，名前が示すとおりサンプルサイズが大きい場合にだけ有効である．データがどのように分布しているのかを考えない場合，推論結果にどのような影響があるのかは，本章で見たとおりである．

1. 事後分布からたくさんの値をサンプリングできれば，大数の法則が適用できて，期待値を近似することができる（これについては第 5 章でも説明する）．
2. サンプルサイズが小さい場合，データはランダムである．ベイズ推論はそれを反映して，事後分布の裾野はより広くなる．だから，推論結果はその後の観測で修正できるようにしておかなければならない．
3. サンプルサイズを考慮しないと様々な問題が生じる．不安定な評価でアイテムをソートすると，おかしな結果になる．4.3.3 項で紹介した手法ならこの問題を回避できる．

▶ 付録

コメントをソートする公式の導出

基本的にやっていることは，事前分布にベータ分布を用い（パラメータが $a = 1$, $b = 1$ で，これは一様分布になる），観測 u, $N = u + d$ についての尤度に二項分布を用いる，というだけのことである．これが意味するのは，事後分布がパラメータ $a' = 1 + u$, $b' = 1 + (N - u) = 1 + d$ のベータ分布になるということである．そして，確率が 0.05 よりも小さくなるような x の値を求める．そのためには累積分布関数（cumulative distribution function, CDF）の逆変換が必要になる．整数パラメータをもつベータ分布の CDF は知られてはいるが，積分計算が必要になる[1]．

そこで，ここでは正規分布近似を行う．ベータ分布の平均は $\mu = a'/(a' + b')$, 分散は次式で計算できる．

$$\sigma^2 = \frac{a'b'}{(a' + b')^2(a' + b' + 1)}$$

そして x についての以下の方程式を解いて，下界の近似を求める．

$$0.05 = \Phi\left(\frac{(x - \mu)}{\sigma}\right)$$

ここで，Φ は正規分布の累積分布である．

▶ 演習問題

1. $X \sim \mathrm{Exp}(4)$ のとき，$E\left[\cos X\right]$ をどうやって推定したらよいだろう？ $E\left[\cos X | X < 1\right]$ の場合は？（これは X が 1 以下であるとわかっているときの期待値だ）

2. 以下の表は，論文 "Going for Three: Predicting the Likelihood of Field Goal Success with Logistic Regression"[2] からとったものである．この表は，アメリカンフットボールのフィールド・ゴール・キッカーをキックの成功率でランク付けしたものである．論文の著者たちが犯した間違いは何だろうか？

ランク	キッカー	成功率 [%]	キック数
1	Garrett Hartley	87.7	57
2	Matt Stover	86.8	335
3	Robbie Gould	86.2	224
4	Rob Bironas	86.1	223
5	Shayne Graham	85.4	254
...	...	...	
51	Dave Rayner	72.2	90
52	Nick Novak	71.9	64
53	Tim Seder	71.0	62
54	Jose Cortez	70.7	75
55	Wade Richey	66.1	56

また，2013 年 8 月，ある有名なブログ[4]で，使用しているプログラミング言語によるプログラマーの平均収入の違いが話題となった．以下がその表である．上位と下位を見て，何がわかるだろう？

言語	平均収入 [ドル]	人数
Puppet	87,589.29	112
Haskell	89,973.82	191
PHP	94,031.19	978
CoffeeScript	94,890.80	435
VimL	94,967.11	532
Shell	96,930.54	979
...	...	...
Scala	101,460.91	243
ColdFusion	101,536.70	109
Objective-C	101,801.60	562
Groovy	102,650.86	116
Java	103,179.39	1,402
XSLT	106,199.19	123
ActionScript	108,119.47	113

解答例

1.
```
import scipy.stats as stats
from numpy import cos
exp = stats.expon(scale=4)
N = int(1e5)
X = exp.rvs(N)

print((cos(X)).mean())        # E [cos(X)]
print((cos(X[X < 1])).mean()) # E [cos(X) | X< 1]
```

2. どちらの表も，統計値を単純にソートしただけで（最初の表は割合，2番目の表は平均），その統計値を計算したサンプル数は無視している．これではまずい．キッカーの表では，Garrett Hartley は明らかにベストキッカーではない．栄誉は Matt Stover に与えられるべきだ．収入の表では，上位も下位もサンプルサイズが小さい言語が占めている．この表を見たときの単純な（そして間違っている）解釈は，「マイナーな言語の開発者は少ないのだから，勧誘するには給料を多めに払わなければならないのだろう」というものである．

▶ 文献

[1] "Beta function," Wikipedia, The Free Encyclopedia, last modified May 26, 2015, 11:19 PM EST, accessed June 4, 2015, http://en.wikipedia.org/wiki/Beta function#Incomplete beta function.

[2] Clark, Torin K., Aaron W. Johnson, and Alexander J. Stimpson. "Going for Three: Predicting the Likelihood of Field Goal Success with Logistic Regression." Presented at the 7th Annual MIT Sloan Sports Analytics Conference, Cambridge, MA, March 1?-2, 2013. Cambridge, MA: MIT Sloan Sports Analytics Conference, http://www.sloansportsconference.com/wp-content/uploads/2013/Going%20 for%20Three%20Predicting%20the%20Likelihood%20of%20Field%20Goal%20 Success%20with%20Logistic%20Regression.pdf.

[3] Commentary surrounding Imgur image posted by user Zcool. "Frozen Mining Truck." Reddit. Web Accessed on Jan 25, 2014.
Link:http:www.reddit.com/r/pics/comments/1w454i/frozen_mining_truck/

[4] Podgursky, Ben. "Average Income per Programming Language," bpodgursky.com, last modified August 21, 2013, accessed June 4, 2015, http://bpodgursky.com/2013/08/ 21/average-income-per-programming-language/.

5

損失はおいくら？
Would You Rather Lose an Arm or a Leg?

5.1 はじめに

統計学者はひねくれものだ．彼らはいくら獲得したかではなく，いくら損失を出したのかばかり気にする．実際，勝った場合には「負の損失」として計上する．しかし，注目すべきなのはその損失の計算の仕方である．

たとえば，以下の状況を考えてみよう．

> ある気象学者は，ハリケーンが自分の街を襲う確率を予測していた．街を襲わない確率は99%から100%の間であると，95%の信頼度で推定した．彼はこの精度に非常に喜び，避難勧告は必要ないと街にアドバイスした．残念ながら，ハリケーンはやってきて，街中が水没した．

この例は，精度（accuracy）だけを使って結果を予測するということの不備を示している．推定精度を強調するような指標を使うのは魅力的で客観的な方法ではあるが，統計的推論を行うもともとの目的から外れてしまう．そもそも，この推論の結果を何かの意思決定に利用したいのである．つまり，推定精度だけを使うのではなく，意思決定が及ぼす影響を重要視する手法が望ましい．先人も言っているように，「厳密に間違うよりも，だいたい合っているほうが良い」[1] のである．

5.2 損失関数

ここで，統計学や意思決定論で**損失関数**（loss function）と呼ばれているものを導入

しよう．損失関数は真のパラメータ θ と，そのパラメータの推定値 $\hat{\theta}$ の関数である．
$$L(\theta, \hat{\theta}) = f(\theta, \hat{\theta})$$

損失関数の重要な点は，現在の推定値がどのくらい悪いのかを測る指標であるということだ．損失が大きければ，損失関数の意味において推定値は悪い．単純で有名な損失関数の例は**二乗誤差損失**（squared-error loss）である．これは差の二乗に比例して損失が増加する関数である．
$$L(\theta, \hat{\theta}) = (\theta - \hat{\theta})^2$$

二乗誤差損失関数は，線形回帰や不偏推定量の計算，多くの機械学習などにおいて用いられている．以下のような非対称な二乗誤差損失関数を考えることもできる．

$$L(\theta, \hat{\theta}) = \begin{cases} (\theta - \hat{\theta})^2 & (\hat{\theta} < \theta) \\ c(\theta - \hat{\theta})^2 & (\hat{\theta} \geq \theta) \end{cases} \text{ただし } 0 < c < 1$$

これは，推定値が真の値よりも大きいほうが，小さいよりも望ましいということを表している．たとえばこれは，翌月のウェブトラフィックの予測には有用だろう．需要を過大評価するほうが，サーバーリソースが足りなくなるよりもましだからだ．

この二乗損失の欠点は，値の大きい外れ値に大きく影響されてしまうという点である．これは推定値が大きくなるにつれて，損失が（線形ではなく）二乗に比例して増大するためである．推定値が真値から 1, 3, 5 だけ異なる状況を考えよう．3 だけ異なる場合の損失は，5 だけ異なる場合の損失よりもかなり少ないが，1 だけ異なる場合の損失とそれほど変わらない．しかし，3 は 1 と 5 から等距離にある．

$$\frac{1^2}{3^2} < \frac{3^2}{5^2}, \quad \text{一方で } 3 - 1 = 5 - 3$$

この損失関数が意味するのは，大きな誤差はまったく認めない，ということである．誤差に対して線形に比例するような，もっとロバストな損失関数としては**絶対損失**（absolute-loss）があり，機械学習やロバスト統計の分野でよく登場する．
$$L(\theta, \hat{\theta}) = |\theta - \hat{\theta}|$$

このほかに有名な損失関数には以下のものがある．

- $L(\theta, \hat{\theta}) = \mathbf{1}_{\hat{\theta} \neq \theta}$ は 0-1 損失（zero-one loss）と呼ばれている．機械学習の識別アルゴリズムで用いられている．
- $L(\theta, \hat{\theta}) = -\hat{\theta} \log(\theta) - (1 - \hat{\theta}) \log(1 - \theta)$, $\hat{\theta} \in \{0, 1\}$, $\theta \in [0, 1]$ は対数損失（log-loss）

と呼ばれ，やはり機械学習で用いられている[1]．

歴史的には，損失関数は (1) 数学的に取り扱いが容易であること，(2) 応用においてロバストであること（つまり損失の客観的な指標であること），という要求に基づいて選ばれてきた．一つ目の要求は損失関数の誕生当時まで遡る．しかし現代はコンピュータがあるため，自由に損失関数を設計することができる．この章の後のほうでこの利点を存分に活かすことになる．

二つ目の要求について言えば，上記の損失関数はどれも客観的な真のパラメータとその推定値との誤差の関数である場合がほとんどであり，したがって値の正負は関係なく，その推定値が与える影響にも関係ない．ただし，この最後の点（影響に無関係であること）は，非常にまずい結果を引き起こしかねない．先程のハリケーンの例を考えてみよう．統計学者はハリケーンがやってくる確率は0%から1%だと予測したことに等しい．しかし，推定精度ではなく結果が与える影響（99%の確率で大丈夫，1%の確率で大洪水）を考慮していたら，考えは変わっていたかもしれない．

パラメータ推定の精度の追求から，パラメータ推定の結果に視点を移せば，応用ごとに最適化するべき推定値をカスタマイズする必要があることがわかる．そして，自分の目標と結果を反映するような新しい損失関数を設計することになる．もっと興味深い損失関数の例をいくつか紹介しよう．

- $L(\theta, \hat{\theta}) = \dfrac{|\theta - \hat{\theta}|}{\theta(1-\theta)}, \ \hat{\theta}, \theta \in [0,1]$

  これは，0か1に近い推定値を重視する．なぜなら，もし真の値 θ が 0か1に近い場合，$\hat{\theta}$ も0か1に近くなければこの損失は非常に大きくなるからである．この損失関数は，自信をもって Yes か No の答えを出さなければならない政治評論家には有用だろう．この損失は，たとえば政治的決定が成されようとしているなら（この場合は真のパラメータが1に近い），政治評論家は優柔不断と思われないようにはっきりとした予測をしたいであろう，といった傾向を反映している．

- $L(\theta, \hat{\theta}) = 1 - e^{-(\theta - \hat{\theta})^2}$

  これは0から1の間の値をとり，推定値が真値からある程度離れたら，それ以上離れていても無関心であることを反映している．これは0-1損失に似ているが，真のパラメータに近い推定値にはあまり損失を与えていない．

- 以下のような複雑で非線形な損失関数を書くこともできる．

```
def loss(true_value, estimate):
    if estimate*true_value > 0:
```

---

[1] 訳注：交差エントロピー損失と呼ばれることが多い．

```
        return abs(estimate - true_value)
    else:
        return abs(estimate)*(estimate - true_value)**2
```

- 日常生活で見かける損失関数の例として，天気予報で使われているものがある．天気予報は降水確率を正確に伝えるが，雨が降る，と間違った予報をすることもある．なぜか？ 傘をもっていないときに雨に降られるくらいなら，たとえ使わなかったとしても傘をもっていたほうがいいのだ．だから天気予報は，降水確率を意図的に大きくして「雨が降るかもしれません」と伝えている．このほうが結果として皆がハッピーになる可能性が高いのである．

5.2.1 実世界の損失関数

これまで，真のパラメータを知っている，というありえない仮定のもとで議論を進めてきた．もちろん真のパラメータを知っていれば，推定することには意味がない．つまり，損失関数に実際に意味があるのは，真のパラメータは未知であるという状況である．

ベイズ推論では，未知パラメータは事前分布や事後分布に従う確率変数である，と考えてきた．事後分布からのサンプルの値は，真のパラメータが実際にとる可能性のある値である．その値が与えられたら，推定値の損失を計算することができる．未知のパラメータがとりうる値の分布（事後分布）がわかっているなら，推定値に対する期待損失（expected loss）を計算することができ，そのほうが理にかなっているだろう．期待損失は真の損失の推定値であり，事後分布からのサンプル一つだけで計算した損失よりもずっと良い．

最初にベイズ点推定（Bayesian point estimate）を説明しよう．現代社会のシステムや仕組みは，事後分布を入力として受け付けるようにはできていない．それに，誰かが推定値がほしいと言っているのに，分布しか渡さないのでは少々親切さに欠けるであろう．日常生活でも，不確実な状況に直面したら，何か一つの行動に絞って実行するしかない．これと同じように，事後分布を一つの値（多変量の場合にはベクトル）に絞ることが必要である．もしその値をうまく選べれば，不確実さを隠してしまう，という頻度主義の手法の欠点を回避した，有用な結果を与えることができるだろう．この値をベイズ推論の事後分布から得ることこそが，ベイズ点推定なのだ．

$P(\theta|X)$ を，X を観測した後の θ の事後分布とする．すると以下の関数は，「θ に対する推定値 $\hat{\theta}$ についての期待損失」と解釈することができる．

$$l(\hat{\theta}) = E_\theta \left[L(\theta, \hat{\theta}) \right]$$

これは推定値 $\hat{\theta}$ のリスク（risk）としても知られている．期待値の記号 E に付いている添字 θ は，θ が期待値における未知の（確率）変数であるということを示している．これを理解するのは最初は難しいかもしれない．

第 4 章では，どうやって期待値を近似するのかを議論した．事後分布からの N 個のサンプル θ_i ($i = 1, ..., N$) と損失関数 L が与えられたら，推定値 $\hat{\theta}$ についての期待損失を大数の法則を使って近似することができる．

$$\frac{1}{N}\sum_{i=1}^{N} L(\theta_i, \hat{\theta}) \approx E_\theta\left[L(\theta, \hat{\theta}) \right] = l(\hat{\theta})$$

期待値を介して損失を測るというのは，MAP 推定値よりも分布の情報を多く使っている（MAP は分布の最大値だけを求めて，分布形状は無視してしまうことを思い出してほしい）．分布の情報を無視してしまうと，（稀なハリケーン被害などの）ロングテールな危険性に影響を受けすぎてしまい，自分がどれほどパラメータについて無知であるかについての情報も，推定値からは失われてしまう．

同様に，これを頻度主義の手法と比較してみよう．頻度主義の手法は，誤差を最小化することのみが目的で，推定誤差が与える結果の損失を考慮しない．また，頻度主義の手法が絶対的に正確である保証はほとんどない．ベイズ点推定はこの問題を回避する．もし推定値が間違いになりそうならば，結果の影響がましなほうに間違うようにしておくのである．

5.2.2　例題：テレビ番組 "The Price Is Right" の最適化

もしあなたが "The Price Is Right" というテレビ番組◆1の Showcase というコーナーに出演するなら，賞品の予想価格を最適化する方法を紹介しよう．ルールは以下のようなものである．

1. 番組には 2 人の出場者がいる．
2. それぞれの出場者に，別々の賞品が二つずつ提示される．
3. それを見た後，出場者はそれぞれの二つの賞品の合計価格を予想する．
4. 予想した価格が実際の合計価格を上回った場合は，失格となる．
5. 予想価格と実際の合計価格との差が 250 ドル未満であれば，相手の分の賞品も獲得できる．

◆1　訳注：アメリカの CBS テレビで放映されている番組．

このゲームの難しいところは，価格について確信がもてないのに，予想価格が合計価格を上回らないように，しかもできるだけ近づけなければならないことである．

ここで，この番組の前シーズンの放送をすべて録画しておいて，真の価格（price）がどんな分布に従うのか，という信念を事前にもっているものと仮定しよう．単純にするために，正規分布に従うと仮定する．

$$真の価格 \sim \mathrm{Normal}(\mu_p, \sigma_p)$$

ここでは $\mu_p = 35{,}000$ と $\sigma_p = 7{,}500$ であるとする．

それでは番組でどのように予想するべきかをモデリングしよう．提示された二つの賞品に対して，それぞれいくらぐらいするのか，という自分の考えをもっている．ただしそれは真の価格とまったくかけ離れているかもしれない（さらに番組収録という緊張感を考えれば，適当に予想価格を決めてしまうことも人がいるのも無理はない）．ここで，それぞれの賞品 (prize) 価格についての信念もまた正規分布に従うと仮定しよう．

$$賞品_i \sim \mathrm{Normal}(\mu_i, \sigma_i) \quad (i = 1, 2)$$

ここがベイズ推論のすごいところだ．つまり，パラメータ μ_i で自分がどの程度の価格が正しいと思っているのかを指定できるし，その予測がどのくらい確実と思っているのかをパラメータ σ_i で表現できる．簡単のために，賞品の数は二つと仮定しよう（ただし，いくつにでも拡張できる）．二つの商品の真の合計価格は 賞品$_1$ + 賞品$_2$ + ϵ で与えられる．ここで，ϵ は誤差である．それでは観測した二つの賞品と，それらについての信念の分布に基づいて，真の価格を更新したい．そこで PyMC の登場だ．

具体例を挙げよう．二つの賞品は次のものだったとする．

1. カナダ・トロントへのステキな旅！
2. 新発売のかわいい除雪機！

これらの賞品の真の価格がいくらかという予想はあるが，ほとんど確信がない．この確信のなさは，正規分布のパラメータで表現できる．

$$トロント \sim \mathrm{Normal}(12000, 3000)$$
$$除雪機 \sim \mathrm{Normal}(3000, 500)$$

たとえば，トロント旅行の真の価格が 12,000 ドルで，価格がそれから 1 標準偏差以内である確率が 68.2% であるという信念をもっているとする．つまり，68.2% の確率で旅行の価格の範囲が [9000, 15000] であると確信していることになる．図 5.1 にこの事前分布のプロットを示す．

```python
import scipy.stats as stats
from IPython.core.pylabtools import figsize
import numpy as np
import matplotlib.pyplot as plt
%matplotlib inline

figsize(12.5, 9)

norm_pdf = stats.norm.pdf

plt.subplot(311)
x = np.linspace(0, 60000, 200)
plt.fill_between(x, 0, norm_pdf(x, 35000, 7500),
                 color="#348ABD", lw=3, alpha=0.6,
                 label="historical total prices")  # これまでの価格
plt.legend()

plt.subplot(312)
x = np.linspace(0, 10000, 200)
plt.fill_between(x, 0, norm_pdf(x, 3000, 500),
                 color="#A60628", lw=3, alpha=0.6,
                 label="snowblower price guess")  # 除雪機の予想価格
plt.xlabel("Price")  # 価格
plt.legend()

plt.subplot(313)
x = np.linspace(0, 25000, 200)
sp3 = plt.fill_between(x, 0, norm_pdf(x, 12000, 3000),
                       color="#7A68A6", lw=3, alpha=0.6,
                       label="trip price guess")  # 旅行の予想価格
plt.legend()
plt.ylabel("Density")  # 密度

plt.suptitle("Prior distributions for unknowns: "
             "the total price, the snowblower's price, "
             "and the trip's price")
```

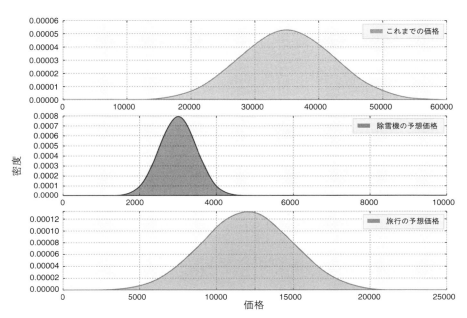

図 5.1 未知数（これまでの価格，除雪機の価格，旅行の価格）の事前分布

以下は二つの賞品の真の価格を推論する PyMC コードで，その結果は図 5.2 である．

```
import pymc as pm

data_mu = [3e3, 12e3]
data_std = [5e2, 3e3]
mu_prior = 35e3
std_prior = 75e2

true_price = pm.Normal("true_price",
                       mu_prior, 1.0 / std_prior**2)
prize_1 = pm.Normal("first_prize",
                    data_mu[0], 1.0 / data_std[0]**2)
prize_2 = pm.Normal("second_prize",
                    data_mu[1], 1.0 / data_std[1]**2)
price_estimate = prize_1 + prize_2


@pm.potential
def error(true_price=true_price,
          price_estimate=price_estimate):
    return pm.normal_like(true_price,
```

第 5 章 ▶ 損失はおいくら？

```
                            price_estimate, 1 / (3e3)**2)

mcmc = pm.MCMC([true_price, prize_1, prize_2,
                price_estimate, error])
mcmc.sample(50000, 10000)

price_trace = mcmc.trace("true_price")[:]
```

```
[Output]:

[-----------------100%-----------------] 50000 of 50000 complete in 10.9 sec
```

```
figsize(12.5, 4)
import scipy.stats as stats

# 事前分布のプロット
x = np.linspace(5000, 40000)
plt.plot(x, stats.norm.pdf(x, 35000, 7500), c="k", lw=2,
         label="prior distribution\n"
               "of suite price")    # 賞品合計価格の事前分布

# MCMCから得られたサンプルで表した事後分布のプロット
_hist = plt.hist(price_trace, bins=35,
                 normed=True, histtype="stepfilled")
plt.vlines(mu_prior, 0, 1.1 * np.max(_hist[0]),
           linestyles="--",
           label="prior's mean")    # 事前分布の平均
plt.vlines(price_trace.mean(), 0, 1.1 * np.max(_hist[0]),
           linestyles="-.",
           label="posterior's mean")    # 事後分布の平均

plt.title("Posterior of the true price estimate")
plt.legend(loc="upper left")
```

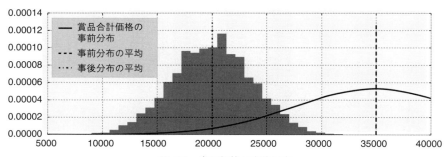

図 5.2　真の価格の事後分布

5.2 損失関数

除雪機の価格，旅行の価格，予想合計価格（さらにそれらの不確実さ）を考慮した結果，事前分布の平均価格よりも 15,000 ドル低い価格が推定された．

頻度主義の手法では，二つの賞品の価格についての信念に同じものを使ったとしても，確実か不確実かにかかわらず $\mu_1 + \mu_2 = 35{,}000$ ドルと推定してしまう．それに対して，単純なベイズ推論を使えば，事後分布の平均が推定値になる．しかし，最終的な結果についてもっと多くの情報をもっているので，これを予想価格に反映させるべきだろう．そこで，損失関数を使って最も良い予想価格を求めよう（ただし，「良い」とはこの損失関数の意味で良いということだ）．

出場者の損失関数はどういうものだろう？ たとえば以下のような関数が考えられる．

```python
def showcase_loss(guess, true_price, risk=80000):
    if true_price < guess:
        return risk
    elif abs(true_price - guess) <= 250:
        return -2 * np.abs(true_price)
    else:
        return np.abs(true_price - guess - 250)
```

risk は予想価格が真の価格を上回ってしまった場合に，それがどれだけ悪いかを決めるパラメータである．ここでは適当に 80,000 とした．risk を低くすることは，真の価格を上回ることをより許容することを意味する．もし予想価格が真の価格を下回って，その差が 250 ドル未満であれば，両方の商品を獲得できる（このモデルではもとの商品価格の 2 倍を受け取る設定になっている）．真の価格 true_price よりも予想価格が下回った場合でも，できるだけ近い値にしたいので，else の損失が予想と真の価格の差についての増加関数になっている．

どの予想価格に対しても，それに対する「期待損失」を計算できる．risk パラメータを変えると損失がどのように変化するのかを表したのが図 5.3 である．

```python
figsize(12.5, 7)

# NumPy array も使える showdown 損失関数


def showdown_loss(guess, true_price, risk=80000):
    loss = np.zeros_like(true_price)
    ix = true_price < guess
    loss[~ix] = np.abs(guess - true_price[~ix])
    close_mask = [abs(true_price - guess) <= 250]
    loss[close_mask] = -2 * true_price[close_mask]
```

```
        loss[ix] = risk
    return loss

guesses = np.linspace(5000, 50000, 70)
risks = np.linspace(30000, 150000, 6)
expected_loss = lambda guess, risk: \
    showdown_loss(guess, price_trace, risk).mean()

for _p in risks:
    results = [expected_loss(_g, _p) for _g in guesses]
    plt.plot(guesses, results, label="%d" % _p)

plt.title("Expected loss of different guesses,\n"
          "various risk levels of overestimating")
plt.legend(loc="upper left",
           title="risk parameter")  # リスクのパラメータ
plt.xlabel("Price bid")  # 予想価格
plt.ylabel("Expected loss")  # 期待損失
plt.xlim(5000, 30000)
```

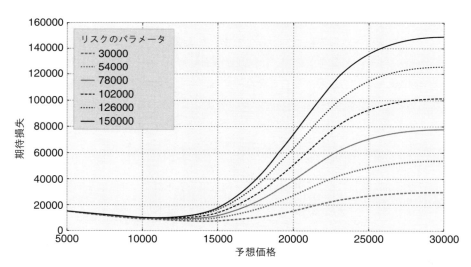

図 5.3　予想価格が真の価格を上回ってしまうことに対するリスクを変えた場合の，予想価格に対する期待損失

損失の最小化

期待損失が計算できたのだから，それを最小化する推定値を求めるのが賢明だろう．これは図 5.3 の各曲線の最小値を求めることに等しい．形式的には，以下の期待損失を

最小化すればよい．

$$\underset{\hat{\theta}}{\arg\min}\ E_\theta\left[\,L(\theta,\hat{\theta})\,\right]$$

期待損失を最小化する θ はベイズ行動（Bayes action）と呼ばれる．SciPy の最適化モジュールでベイズ行動を求めることができる．scipy.optimize モジュールの fmin は，任意の 1 変数関数または多変数関数の極小値（大域的な最小値とは限らない）を求める優れた手法を実装している．多くの場合，fmin で十分良い解を得られるだろう．

合計価格予想の例で最小損失を求めた結果が図 5.4 である．

```
import scipy.optimize as sop

ax = plt.subplot(111)

for _p in risks:
    _color = next(ax._get_lines.prop_cycler)
    _min_results = sop.fmin(expected_loss, 15000,
                            args=(_p,), disp=False)
    _results = [expected_loss(_g, _p) for _g in guesses]
    plt.plot(guesses, _results, color=_color['color'])
    plt.scatter(_min_results, 0, s=60,
                color=_color['color'], label="%d" % _p)
    plt.vlines(_min_results, 0, 120000,
               color=_color['color'], linestyles="--")
    print("minimum at risk %d: %.2f"
          % (_p, _min_results))  # そのリスクでの最小値

plt.title("Expected loss and Bayes actions of different guesses,\n"
          "various risk levels of overestimating")
plt.legend(loc="upper left", scatterpoints=1,
           title="Bayes action at risk:")  # 各リスクでのベイズ行動
plt.xlabel("Price guess")     # 予想価格
plt.ylabel("Expected loss")   # 期待損失
plt.xlim(7000, 30000)
plt.ylim(-1000, 80000)
```

```
[Output]:

minimum at risk 30000:   14189.08
minimum at risk 54000:   13236.61
minimum at risk 78000:   12771.73
minimum at risk 102000:  11540.84
minimum at risk 126000:  11534.79
minimum at risk 150000:  11265.78
```

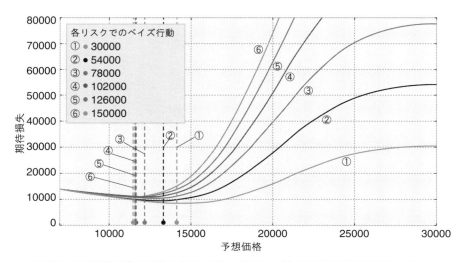

図 5.4 予想価格が真の価格を上回ってしまうことに対するリスクを変えた場合の，予想価格に対する期待損失とベイズ行動

リスクを下げると（予想が真の価格を上回ってしまうことを気にしなくなり），真の価格に近づけようとして，予想価格を上げることになる．この損失最適化の結果，事後平均の 20,000 から大きく予想価格が下がっているのがわかり興味深い．

高次元の場合，関数を目で見て最小値を探すというのは不可能である．そのため，SciPy の fmin 関数を使う．

近道

いくつかの損失関数に対しては，そのベイズ行動が解析的に得られることが知られている．そのいくつかを以下に示す．

- 二乗損失を使った場合，ベイズ行動は事後分布の平均になる．つまり，$E_\theta[\theta]$ は $E_\theta[(\theta-\hat{\theta})^2]$ を最小化する．これを求めるために，事後分布からのサンプルの平均を計算することになる（第 4 章の大数の法則についての議論を参照）．
- 事後分布の中央値は期待絶対損失を最小化する．事後分布からのサンプルの中央値は，真の中央値の非常に正確な近似になっている．
- MAP 推定値は，0-1 損失を使った場合の解になることが示せる．

1 番目の損失関数がベイズ推論によく登場する理由がこれでわかるだろう．それを使うと，複雑な最適化計算は必要なく，最適化パッケージがそれをやってくれるからだ．

5.3 ベイズ手法を用いた機械学習

頻度主義の手法が最も精度の高いパラメータを求めるのに対して，機械学習は最も正確な予測をするパラメータを求めることを目指す．予測の良さの指標と，最小化する損失関数（推定値の良さの指標）とがまったく違っていることはよくあることだ．

たとえば，最小二乗線形回帰は最も単純な「学習」アルゴリズムである（ここで学習と言ったのは，実際にパラメータを学習しているからである．それに対し，サンプルの平均の予測などはより単純だが，学習の要素をほとんどもたない）．このとき回帰係数を決める損失関数は二乗誤差損失であるが，もし予測の損失関数に二乗誤差損失ではないものを使うなら，最小二乗法はその予測損失関数に対しては最適ではない．この場合，準最適な予測結果しか得られない．

ベイズ行動を求めることは，パラメータの精度ではなく，任意の性能評価指標を最適化するパラメータを求めることに等しい．ただし，「性能」を定義しなければならない（損失関数や AUC，ROC，precision/recall など）．

次の二つの例題でこのアイデアを説明しよう．最初の例は線形モデルで，予測に使う損失を最小二乗損失にするか，それとも結果に敏感な別の新しい損失にするかを選ぶことができる．二つ目の例は Kaggle データサイエンスプロジェクトからの例題である．この予測に使う損失関数は信じられないほど複雑である．

5.3.1 例題：株価の予測

株価の将来のリターンが少なく，たとえば 0.01（つまり 1%）だと仮定する．この株の将来の価格を予測するモデルを考える．このモデルの予測に従う行動が利益と損失に直結しているとしよう．モデルの予測についての損失をどのように評価すればよいだろう？　二乗損失は符号を無視するため，−0.01 も 0.03 も同じ損失として評価してしまう．

$$(0.01 - (-0.01))^2 = (0.01 - 0.03)^2 = 0.004$$

モデルの予測に基づいて株を購入する際，0.03 と予測した場合には利益を得るし，−0.01 と予測した場合には損失を被る．二乗損失ではこれを考慮することができない．予測と真値の符号を考慮する，もっと良い損失関数が必要である．この金融の問題に適した新しい損失関数を図 5.5 に示す．

```
figsize(12.5, 4)


def stock_loss(true_return, yhat, alpha=100.):
```

```python
        if true_return * yhat < 0:
            # 符号を間違えたらダメ.
            return alpha * yhat**2 \
                - np.sign(true_return) * yhat + abs(true_return)
        else:
            return abs(true_return - yhat)

pred = np.linspace(-.04, .12, 75)

true_value = .05
plt.plot(pred, [stock_loss(true_value, _p) for _p in pred],
         lw=3,
         # 真値が 0.05 の場合の予測に対する損失
         label="loss associated with\n"
               "prediction if true value=0.05")

true_value = -.02
plt.plot(pred, [stock_loss(true_value, _p) for _p in pred],
         alpha=0.6, lw=3,
         # 真値が -0.02 の場合の予測に対する損失
         label="loss associated with\n"
               "prediction if true value = -0.02")

plt.vlines(0, 0, .25, linestyles="--")

plt.xlabel("Prediction")  # 予測
plt.ylabel("Loss")  # 損失
plt.xlim(-0.04, .12)
plt.ylim(0, 0.25)
plt.legend()
plt.title("Stock returns loss if true value = 0.05, -0.02")
```

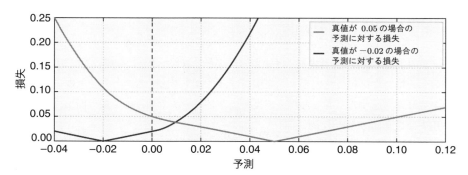

図 5.5　真の値が 0.05 と −0.02 の場合の，株投資リターンの損失関数

損失関数の形状が予測値0の位置で変わっていることに注意しよう．この損失は，ユーザーは予測の符号を間違えたくないし，符号を間違えたまま値を大きくすることはもっとしたくない，ということを反映している．

なぜ値の大きさにこだわるのか？　予測の符号が正しいとき，損失を0にしてしまってなぜいけないのか？　リターンが0.01だったとしても100万ドルを投資すれば，結果は（結構）ハッピーなのに．

金融の世界では，下振れリスク（間違った方向に大きく予測すること）と上振れリスク（正しい方向に大きく予測すること）があり，どちらもリスクの大きい予測で，推奨されないものとされる．したがって，真の値から離れるほど損失が増えるが，しかし正しい方向に予測する場合にはそれほど損失は増えない，という損失関数を使うことになる．

それでは，将来のリターンを良く予測していると思われる株式データ（trading signal）に対して回帰を実行しよう．ただし，ここで使うデータセットは人工的に生成したものであり，実際の金融データはこのような線形のデータではない．図5.6にそのデータと最小二乗線形回帰の直線をプロットした．

```
# シミュレーションデータの生成
N = 100
X = 0.025 * np.random.randn(N)
Y = 0.5 * X + 0.01 * np.random.randn(N)

ls_coef_ = np.cov(X, Y)[0, 1] / np.var(X)
ls_intercept = Y.mean() - ls_coef_ * X.mean()

plt.scatter(X, Y, c="k")
plt.plot(X, ls_coef_ * X + ls_intercept,
        label="least-squares line")  # 最小二乗回帰直線

plt.xlim(X.min(), X.max())
plt.ylim(Y.min(), Y.max())
plt.xlabel("Trading signal")  # 株式データ
plt.ylabel("Returns")  # リターン
plt.title("Empirical returns versus trading signal")
plt.legend(loc="upper left")
```

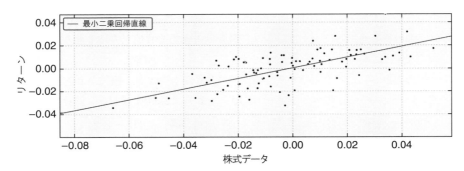

図 5.6 株式データとそのリターンの人工データ

ここでは，単純なベイズ線形回帰をこのデータセットに適用する．以下のようなモデルを考える．

$$R = \alpha + \beta x + \epsilon$$

ここで，α，β は未知のパラメータ，$\epsilon \sim \mathrm{Normal}(0, 1/\tau)$ である．β と α に対する最も一般的な事前分布は正規分布だ．また，τ についても，$\sigma = 1/\sqrt{\tau}$ が 0 から 100 の一様分布を事前分布に設定する（したがって，τ は $\tau = 1/\mathrm{Uniform}(0, 100)^2$ である）．

```
import pymc as pm

std = pm.Uniform("std", 0, 100, trace=False)


@pm.deterministic
def prec(U=std):
    return 1.0 / U**2

beta = pm.Normal("beta", 0, 0.0001)
alpha = pm.Normal("alpha", 0, 0.0001)


@pm.deterministic
def mean(X=X, alpha=alpha, beta=beta):
    return alpha + beta * X

obs = pm.Normal("obs", mean, prec, value=Y, observed=True)
mcmc = pm.MCMC([obs, beta, alpha, std, prec])

mcmc.sample(100000, 80000)
```

5.3 ベイズ手法を用いた機械学習

```
[Output]:

[-----------------100%-----------------] 100000 of 100000 complete in 23.2 sec
```

ある株式データ x に対して，そのリターンは以下のような分布をもつ．

$$R_i(x) = \alpha_i + \beta_i x + \epsilon$$

ここで，$\epsilon \sim \mathrm{Normal}(0, 1/\tau_i)$ であり，i は事後サンプルのインデックスである．与えられた損失関数に対して，以下の問題の解を求めたい．

$$\arg\min_r E_{R(x)}\bigl[\,L(R(x), r)\,\bigr]$$

この r が株式データ x に対するベイズ行動である．図 5.7 に，異なる株式データに対するベイズ行動をプロットした．ここから何がわかるだろうか？

```python
figsize(12.5, 6)
from scipy.optimize import fmin


def stock_loss(price, pred, coef=500):
    sol = np.zeros_like(price)
    ix = price * pred < 0
    sol[ix] = coef * pred ** 2 \
        - np.sign(price[ix]) * pred + abs(price[ix])
    sol[~ix] = abs(price[~ix] - pred)
    return sol

tau_samples = mcmc.trace("prec")[:]
alpha_samples = mcmc.trace("alpha")[:]
beta_samples = mcmc.trace("beta")[:]

N = tau_samples.shape[0]
noise = 1. / np.sqrt(tau_samples) * np.random.randn(N)
possible_outcomes = lambda signal: \
    alpha_samples + beta_samples * signal + noise

opt_predictions = np.zeros(50)
trading_signals = np.linspace(X.min(), X.max(), 50)

for i, _signal in enumerate(trading_signals):
    _possible_outcomes = possible_outcomes(_signal)
    tomin = lambda pred: stock_loss(_possible_outcomes, pred).mean()
    opt_predictions[i] = fmin(tomin, 0, disp=False)

plt.plot(X, ls_coef_ * X + ls_intercept,
```

```
                label="least-squares prediction")  # 最小二乗回帰直線
plt.plot(trading_signals, opt_predictions,
         label="Bayes action prediction")   # ベイズ行動予測

plt.xlim(X.min(), X.max())
plt.xlabel("Trading signal")  # 株式データ
plt.ylabel("Prediction")  # 予測
plt.title("Least-squares prediction versus Bayes action prediction")
plt.legend(loc="upper left")
```

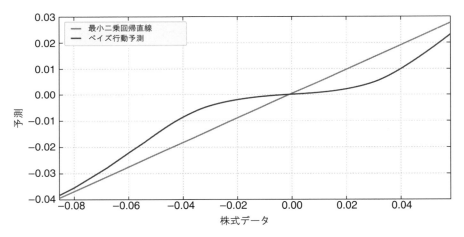

図 5.7　最小二乗予測とベイズ行動予測

　図 5.7 で面白いのは，実際のリターンは正にも負にもなるのだが，株式データが 0 に近いとき，（我々の損失関数の意味で）最も良い予測が 0 に近い値となっていることだ．つまり，なるべく取引をせず，確実だと思う場合にだけ取引することになる．私はこれを**スパース予測**（sparse prediction）と呼んでいる．予測が不確実だと思う場合には，何も実行しない，というものである（最小二乗予測と比較してほしい．こちらは 0 を予測することがほとんどない）．

　このモデルが妥当であることは，次のようにチェックできる．株式データが極端な値をとった場合，リターンが上昇するのか下降するのかの確信度が高まっていくはずで，たしかに最小二乗の予測に一致していく様子が見てとれる．

　スパース予測モデルは，最小二乗誤差損失の意味でデータに最もよく当てはめることを目指しているわけではない．それは最小二乗モデルに任せよう．スパース予測モデルは，stock_loss で定義された損失関数に対して最も良い予測をするのである．逆のこ

とも言える．つまり最小二乗モデルは，stock_loss で定義された損失関数の意味で最も良い予測をするのではない．それはスパース予測モデルの仕事だ．最小二乗モデルは，最小二乗誤差損失の意味でデータに最もよく当てはまるモデルを求めているのである．

5.3.2　例題：Kaggle コンテスト「ダークマターの観測」

私がベイズ手法を勉強しようと思った個人的なきっかけは，「ダークマターの観測」という Kaggle コンテストで優勝した方法の解読に挑戦しようと思ったことだった．コンテストのウェブサイトには，こう書いてあった[2]．

> 宇宙には目に見える以上のものが存在します．私たちが観測できる物質の量をはるかに超える何かが存在しますが，私たちはそれが何なのか知りません．わかっていることは，それは光を発したり吸収したりしないことです．だから，それはダークマター（暗黒物質）と呼ばれています．
>
> それほど大量の物質が集まれば，観測できないことはありません．実際，それらが大量に集まって形成する構造はダークマターハロー（暗黒物質の塊）と呼ばれています．
>
> ダークとは言うものの，時空を歪める性質をもっています．そのため，その後ろ側にある銀河からやってくる光がダークマターの周辺を通過すると，その進行方向を変えるのです．光が曲げられるので，銀河の形は楕円形に見えることになります．

コンテストの趣旨は，ダークマターがどこに存在しているのかを予測することだった．優勝者の Tim Salimans はベイズ推論を用いてハローの場所を求めた（面白いことに，準優勝者もベイズ推論を用いていた）．Tim から許可をもらったので，彼の方法[3]を以下で説明しよう．

1. ハローの位置の事前分布 $p(x)$ を構築する．つまり，データを観測する前に，期待されるハローの位置を定式化する．
2. ダークマターの位置 x が与えられたときの，観測データ e に対する確率モデル $p(e|x)$ を構築する（ここでの観測データは楕円形の銀河）．
3. ベイズの定理を適用して，ハローの事後分布 $p(e|x)$ を求める．つまり，ハローがどこにあるのかをデータから予測する．
4. 事後分布に基づいて，ハローの予測位置に対する期待損失を最小化する．

$$\hat{x} = \underset{\text{予測}}{\arg\min}\, E_{p(x|e)}[\,L(\text{予測}, x)\,]$$

つまり，与えられた誤差指標に対してできるだけ良い予測を行う．

この問題の損失関数は非常に複雑である．そのコードは DarkWorldsMetric.py にあるが，これのすべてに目を通すことはおすすめしない．損失関数の部分だけでもコードは 160 行もあるので，一行の数式で書けるようなものではない．この損失関数は，ユークリッド距離で測った位置のずれを予測精度の評価指標にしている．詳細はコンテストのホームページ[1]を見てほしい．

それでは，PyMC と損失関数の知識を使って，優勝した Tim の方法を実装しよう．

5.3.3 観測データ

データは 360 のファイル[2]に分かれており，それぞれが天空を表している．各ファイル（天空）には 300 から 720 の銀河が含まれている．各銀河の座標は x と y で与えられており，その値は 0 から 4,200 までをとる．また，楕円率は e_1 と e_2 で与えられている．これらの数値についての情報はコンテストのホームページから得ることができる．しかし，ここではデータを可視化できればよい．そのためのスクリプトが draw_sky2.py である[3]．典型的な天空を可視化したものを図 5.8 に示す．

```
from os import makedirs
makedirs("data/Train_Skies/Train_Skies",
        exist_ok=True)   # フォルダの作成

from urllib.request import urlretrieve
# データのダウンロード
urlretrieve("https://git.io/vXLqk",
            "data/Train_Skies/Train_Skies/Training_Sky3.csv")
# draw_sky2.py のダウンロード
urlretrieve("https://git.io/vXLqU", "draw_sky2.py")
```

```
from draw_sky2 import draw_sky

n_sky = 3    # 天空ファイル番号
data = np.genfromtxt("data/Train_Skies/Train_Skies/"
                     "Training_Sky%d.csv" % (n_sky),
                     dtype=None, skip_header=1,
```

---

[1] https://www.kaggle.com/c/DarkWorlds/details/an-introduction-to-ellipticity

[2] 訳注：https://github.com/CamDavidsonPilon/Probabilistic-Programming-and-Bayesian-Methods-for-Hackers/blob/master/Chapter5_LossFunctions/data/Train_Skies/Train_Skies/Training_Sky3.csv （短縮 URL https://git.io/vXLqk）

[3] 訳注：https://github.com/CamDavidsonPilon/Probabilistic-Programming-and-Bayesian-Methods-for-Hackers/blob/master/Chapter5_LossFunctions/draw_sky2.py （短縮 URL https://git.io/vXLqU）

5.3 ベイズ手法を用いた機械学習

```
                        delimiter=",", usecols=[1, 2, 3, 4])
print("Data on galaxies in sky %d." % n_sky)
print("position_x, position_y, e_1, e_2") # 位置 x, y, 楕円率 e_1, e_2
print(data[:3])

fig = draw_sky(data)
plt.xlabel("$x$ position") # x 座標
plt.ylabel("$y$ position") # y 座標
plt.title("Galaxy positions and ellipticities of sky %d." % n_sky)
```

```
[Output]:

Data on galaxies in sky 3.
position_x, position_y, e_1, e_2
[[ 1.62690000e+02  1.60006000e+03  1.14664000e-01 -1.90326000e-01]
 [ 2.27228000e+03  5.40040000e+02  6.23555000e-01  2.14979000e-01]
 [ 3.55364000e+03  2.69771000e+03  2.83527000e-01 -3.01870000e-01]]
```

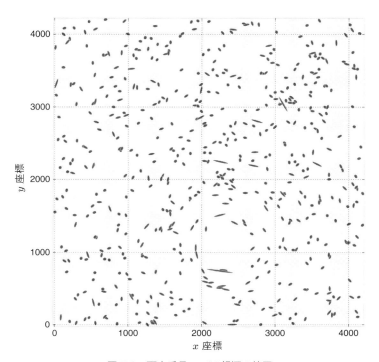

図 5.8 天空番号 3 での銀河の楕円

5.3.4 事前分布

各天空ファイルには，一つから三つのダークマターハローが含まれている．Tim の方法は，ハローの位置の事前分布として一様分布を用いている．

$$x_j \sim \text{Uniform}(0, 4200)$$
$$y_j \sim \text{Uniform}(0, 4200) \quad (j = 1, 2, 3)$$

Tim やその他の参加者は，ほとんどの天空には大きなハローが一つだけあり，他のハローがあったとしても非常に小さい，と報告している．大きなハローは大きな質量をもち，周辺の銀河にも大きな影響を与える．そこで彼は，大きなハローの質量は 40 から 180 までの対数一様分布に従うと考えた．

$$m_\text{large} = \log \text{Uniform}(40, 180)$$

PyMC コードでは以下のとおり（これが先程述べた対数一様分布である）．

```
exp_mass_large = pm.Uniform("exp_mass_large", 40, 180)
@pm.deterministic
def mass_large(u = exp_mass_large):
    return np.log(u)
```

Tim は，小さなハローの質量を $\log(20)$ に設定した．なぜその質量の事前分布を考えたり，そもそも未知数だと考えなかったのだろう？　私が考えるに，こうすることでアルゴリズムの収束が速くなったのだろう．小さなハローは銀河にもそれほど影響を与えないので，こうしてもあまり問題はない．

次に Tim はこう考えた．各銀河の楕円率は，ハローの位置，銀河とハローの距離，ハローの質量に依存する．だから，各銀河の楕円率ベクトル e_i はハローの位置ベクトル $\boldsymbol{x}, \boldsymbol{y}$（ここで $\boldsymbol{x} = (x_1, x_2, x_3)$, $\boldsymbol{y} = (y_1, y_2, y_3)$），距離（後で定義する），ハロー質量の子変数になる．

Tim は文献やフォーラムの投稿を読んで，次のような位置と楕円率の関係性を考えついた．

$$e_i|(\boldsymbol{x}, \boldsymbol{y}) \sim \text{Normal}\left(\sum_{j=\text{ハロー番号}} \mathbf{d}_{i,j}\, m_j\, f(r_{i,j}),\ \sigma^2\right)$$

ここで，$\mathbf{d}_{i,j}$ は接線方向（i 番目の銀河の光が j 番目のハローで曲げられる方向），m_j は j 番目のハローの質量，そして $f(r_{i,j})$ はハロー j と銀河 i のユークリッド距離 $r_{i,j}$ についての減少関数である．

5.3 ベイズ手法を用いた機械学習

関数 f は，大きいハローについては

$$f(r_{i,j}) = \frac{1}{\min(r_{i,j}, 240)}$$

で，小さいハローについては

$$f(r_{i,j}) = \frac{1}{\min(r_{i,j}, 70)}$$

で定義している．

　以上が観測と未知数を結びつけるモデル全体である．このモデルは非常にシンプルで，過学習（overfit）を避けるために意図的にシンプルにしたと Tim は述べている．

5.3.5　PyMC で実装する

　それでは，各天空について，ハロー位置の事後分布を求めるベイズモデルを実行しよう．ただし，既知のハロー位置は（学習に）使わない．これは一般的な Kaggle コンテストへの取り組み方とは少し違う．このモデルは他の天空からのデータを使わず，既知のハロー位置も使わない．ただし，他のデータが不要であるということではない．実際，いくつもの天空のデータを比較しながらモデルを作成したのだから．

```
import pymc as pm

def euclidean_distance(x, y):
    return np.sqrt(((x - y)**2).sum(axis=1))


def f_distance(gxy_pos, halo_pos, c):
    # pos の型は 2D numpy array
    return np.maximum(euclidean_distance(gxy_pos, halo_pos),
                      c)[:, None]


def tangential_distance(glxy_position, halo_position):
    # posision の型は 2D numpy array
    delta = glxy_position - halo_position
    t = (2 * np.arctan(delta[:, 1] / delta[:, 0]))[:, None]
    return np.concatenate([-np.cos(t), -np.sin(t)], axis=1)

# ハローの質量を設定
mass_large = pm.Uniform("mass_large", 40, 180, trace=False)
```

168　第 5 章 ▶ 損失はおいくら？

```python
# ハローの事前分布は 2 次元一様分布とする．
halo_position = pm.Uniform("halo_position", 0, 4200, size=(1, 2))


@pm.deterministic
def mean(mass=mass_large,
         h_pos=halo_position,
         glx_pos=data[:, :2]):
    return mass / f_distance(glx_pos, h_pos, 240) \
        * tangential_distance(glx_pos, h_pos)

ellpty = pm.Normal("ellipticity", mean, 1. / 0.05,
                   observed=True, value=data[:, 2:])

model = pm.Model([ellpty, mean, halo_position, mass_large])
map_ = pm.MAP(model)
map_.fit()   # MCMC の前に MAP の fit() を呼び出す．
mcmc = pm.MCMC(model)
mcmc.sample(200000, 140000, 3)
```

```
[Output]:

[****************100%******************] 200000 of 200000 complete
```

図 5.9 に事後分布のヒートマップを示す（これは単なる事後分布の散布図だが，ヒートマップとして可視化している）．この図に示すように，大きな灰色の塊のある場所がハローの存在する事後確率の高い位置である．

```python
fig = draw_sky(data)

t = mcmc.trace("halo_position")[:].reshape(20000, 2)
plt.scatter(t[:, 0], t[:, 1], alpha=0.015, c="r")

plt.xlim(0, 4200)
plt.ylim(0, 4200)
plt.xlabel("$x$ position")   # x 座標
plt.ylabel("$y$ position")   # y 座標
plt.title("Galaxy positions and ellipticities of sky %d." % n_sky)
```

5.3 ベイズ手法を用いた機械学習

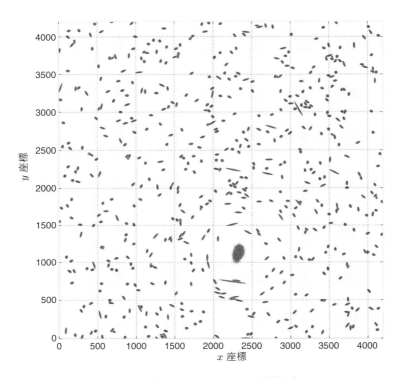

図 **5.9** 天空番号 3 でのハローの事後分布

各天空のハローの位置は Training_halos.csv にある[◆1]．これには最大 3 個までのハローの位置が載っている．たとえば，天空番号 3 のハローの位置は以下のようになる．

```python
from os import makedirs
makedirs("data", exist_ok=True)  # フォルダの作成

from urllib.request import urlretrieve
# データのダウンロード
urlretrieve("https://git.io/vXLm6",
            "data/Training_halos.csv")
```

```python
halo_data = np.genfromtxt("data/Training_halos.csv",
                          delimiter=",", skip_header=1,
                          usecols=[1, 2, 3, 4, 5, 6, 7, 8, 9])
```

◆1 訳注：https://github.com/CamDavidsonPilon/Probabilistic-Programming-and-Bayesian-Methods-for-Hackers/blob/master/Chapter5_LossFunctions/data/Training_halos.csv（短縮 URL https://git.io/vXLm6）

```
print(halo_data[n_sky - 1])
```

```
[Output]:

[ 1.00000000e+00  1.40861000e+03  1.68586000e+03  1.40861000e+03  1.68586000e+03
  0.00000000e+00  0.00000000e+00  0.00000000e+00  0.00000000e+00]
```

4番目と5番目の数字がハローの真の位置のx, y座標であり，図5.10の黒丸で示している．ベイズ推論は，ハローの位置を非常に正確に推定している．

```
fig = draw_sky(data)

plt.scatter(t[:, 0], t[:, 1], alpha=0.015, c="r")
plt.scatter(halo_data[n_sky - 1][3],
            halo_data[n_sky - 1][4],
            label="true halo position",  # ハローの真の位置
            c="k", s=70)

plt.legend(scatterpoints=1, loc="lower left")
plt.xlim(0, 4200)
plt.ylim(0, 4200)
plt.xlabel("$x$ position")  # x 座標
plt.ylabel("$y$ position")  # y 座標
plt.title("Galaxy positions and ellipticities of sky %d." % n_sky)

print("True halo location:",
      halo_data[n_sky][3], halo_data[n_sky][4])
```

```
[Output]:

True halo location:   1408.61 1685.86
```

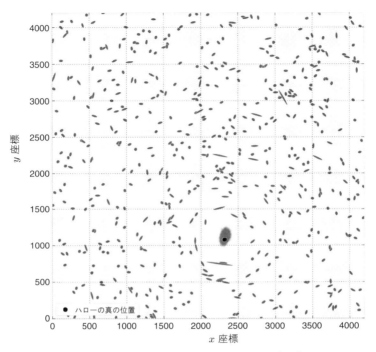

図 5.10 天空番号 3 でのハローの事後分布と真の位置

ここまでは順調だ．次のステップとして，損失関数[◆1]を使って位置を最適化しよう．単純な方法は，平均を使ってしまうことである．

```
mean_posterior = t.mean(axis=0).reshape(1, 2)
print(mean_posterior)
```

```
[Output]:

[[ 2324.07677813  1122.47097816]]
```

```
from urllib.request import urlretrieve
# DarkWorldsMetric.py のダウンロード
urlretrieve("https://git.io/vXLmx", "DarkWorldsMetric.py")
```

[◆1] 訳注：https://github.com/CamDavidsonPilon/Probabilistic-Programming-and-Bayesian-Methods-for-Hackers/blob/master/Chapter5_LossFunctions/DarkWorldsMetric.py（短縮 URL https://git.io/vXLmx）

```
from DarkWorldsMetric import main_score

_halo_data = halo_data[n_sky - 1]

nhalo_all  = _halo_data[0].reshape(1, 1)
x_ref_all  = _halo_data[1].reshape(1, 1)
y_ref_all  = _halo_data[2].reshape(1, 1)
x_true_all = _halo_data[3].reshape(1, 1)
y_true_all = _halo_data[4].reshape(1, 1)
sky_prediction = mean_posterior

print("Using the mean:")  # 平均を使う
main_score(nhalo_all,
           x_true_all, y_true_all,
           x_ref_all,  y_ref_all, sky_prediction)
print()

# 比較のために，ランダムな推論の場合のスコアを求める．
random_guess = np.random.randint(0, 4200, size=(1, 2))
print("Using a random location:", random_guess)  # ランダムな位置を使う
main_score(nhalo_all,
           x_true_all, y_true_all,
           x_ref_all,  y_ref_all, random_guess)
```

```
[Output]:

Using the mean:
Your average distance in pixels away from the true halo is 31.1499201664
Your average angular vector is 1.0
Your score for the training data is 1.03114992017

Using a random location:   [[2755 53]]
Your average distance in pixels away from the true halo is 1773.42717812
Your average angular vector is 1.0
Your score for the training data is 2.77342717812
```

　この予測は悪くはない．真の位置からそれほど離れていない．しかし，手持ちの損失関数を使わないのはもったいない．それに，他の天空ファイル[1]には，あと二つ小さいハローがある．その位置も推定する PyMC の関数をつくろう．

---

　[1] 訳注：https://github.com/CamDavidsonPilon/Probabilistic-Programming-and-Bayesian-Methods-for-Hackers/blob/master/Chapter5_LossFunctions/data/Train_Skies/Train_Skies/Training_Sky215.csv （短縮 URL https://git.io/vXqk4）

5.3 ベイズ手法を用いた機械学習

```python
from os import makedirs
makedirs("data/Train_Skies/Train_Skies",
         exist_ok=True)  # フォルダの作成

from urllib.request import urlretrieve
# データのダウンロード
urlretrieve("https://git.io/vXqk4",
            "data/Train_Skies/Train_Skies/Training_Sky215.csv")
```

```python
# 訳注：実行には 1,000 秒程度かかります.

def halo_posteriors(n_halos_in_sky, galaxy_data,
                    samples=5e5, burn_in=34e4, thin=4):

    # ハローの質量を設定
    mass_large = pm.Uniform("mass_large", 40, 180)
    mass_small_1 = 20
    mass_small_2 = 20
    masses = np.array([mass_large, mass_small_1, mass_small_2],
                      dtype=object)

    # ハローの事前分布は 2 次元一様分布とする.
    halo_positions = pm.Uniform("halo_positions", 0, 4200,
                                size=(n_halos_in_sky, 2))

    fdist_constants = np.array([240, 70, 70])

    @pm.deterministic
    def mean(mass=masses,
            h_pos=halo_positions,
            glx_pos=data[:, :2],
            n_halos_in_sky=n_halos_in_sky):
        _sum = 0
        for i in range(n_halos_in_sky):
            _sum += mass[i] / f_distance(glx_pos, h_pos[i, :],
                                         fdist_constants[i]) * \
                tangential_distance(glx_pos, h_pos[i, :])
        return _sum

    ellpty = pm.Normal("ellipticity", mean, 1. / 0.05,
                       observed=True, value=data[:, 2:])
    model = pm.Model([ellpty, mean, halo_positions, mass_large])
    map_ = pm.MAP(model)
    map_.fit(method="fmin_powell")
    mcmc = pm.MCMC(model)
    mcmc.sample(samples, burn_in, thin)
```

```
        return mcmc.trace("halo_positions")[:]

n_sky = 215
data = np.genfromtxt("data/Train_Skies/Train_Skies/"
                     "Training_Sky%d.csv" % (n_sky),
                     dtype=None, skip_header=1,
                     delimiter=",", usecols=[1, 2, 3, 4])

# 天空番号 215 にはハローが三つ存在する.
samples = 10.5e5
traces = halo_posteriors(3, data, samples=samples,
                         burn_in=9.5e5, thin=10)
```

```
[Output]:

[****************100%******************] 1050000 of 1050000 complete
```

```
fig = draw_sky(data)

colors = ["#467821", "#A60628", "#7A68A6"]

for i in range(traces.shape[1]):
    plt.scatter(traces[:, i, 0], traces[:, i, 1],
                c=colors[i], alpha=0.02)

for i in range(traces.shape[1]):
    plt.scatter(halo_data[n_sky - 1][3 + 2 * i],
                halo_data[n_sky - 1][4 + 2 * i], c="k", s=90,
                label="true halo position")  # ハローの真の位置

plt.xlim(0, 4200)
plt.ylim(0, 4200)
plt.xlabel("$x$ position")
plt.ylabel("$y$ position")
plt.title("Galaxy positions, ellipticities, "
          "and halos of sky %d." % n_sky)
```

```
[Output]:

(0, 4200)
```

収束には非常に時間がかかったが，図 5.11 を見ればわかるように，良さそうな結果が

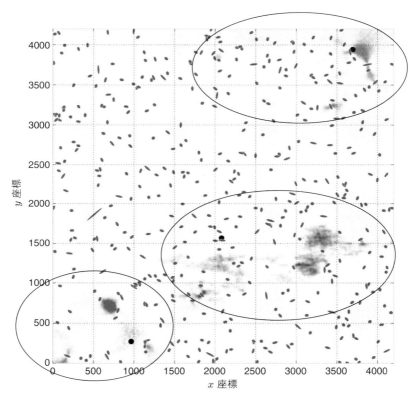

図 5.11 天空番号 215 での銀河の楕円, ハローの事後分布と真の位置

得られた. 最適化ステップは以下のようになる.

```
_halo_data = halo_data[n_sky - 1]
print(traces.shape)

mean_posterior = traces.mean(axis=0).reshape(1, 6)
print(mean_posterior)

nhalo_all = _halo_data[0].reshape(1, 1)
x_ref_all = _halo_data[1].reshape(1, 1)
y_ref_all = _halo_data[2].reshape(1, 1)
x_true_all = _halo_data[3].reshape(1, 1)
y_true_all = _halo_data[4].reshape(1, 1)
sky_prediction = mean_posterior

print("Using the mean:")  # 平均を使う
main_score([1],
           x_true_all, y_true_all,
```

```
                x_ref_all,  y_ref_all, sky_prediction)
print()

# ダメなスコアの例として，ランダムな場所で計算する．
random_guess = np.random.randint(0, 4200, size=(1, 2))
print("Using a random location:", random_guess)
main_score([1],
           x_true_all, y_true_all,
           x_ref_all,  y_ref_all, random_guess)
```

```
[Output]:

(10000L, 2L, 2L)
[[ 48.55499317 1675.79569424 1876.46951857 3265.85341193]]
Using the mean:
Your average distance in pixels away from the true halo is 37.3993004245
Your average angular vector is 1.0
Your score for the training data is 1.03739930042
Using a random location:   [[2930 4138]]
Your average distance in pixels away from the true halo is 3756.54446887
Your average angular vector is 1.0
Your score for the training data is 4.75654446887
```

5.4 おわりに

統計的推論と推論する問題自体を直接結びつける損失関係は，統計学のなかでも最も面白いトピックの一つだ．この章では，損失関数もモデルの自由度の一つであるということは説明しなかった．この章で見たように損失関数は非常に有効なので，これは良いことである．しかし悪い点もある．極端な場合，思ったような結果にならないから損失関数を変更してしまう，ということができてしまうのだ．この理由から，損失関数は解析の早い段階で決めてしまい，その導出が明快で論理的に行えるよう努めるべきである．

▶ 文献

[1] Read, Carveth. *Logic: Deductive and Inductive*. London: Simkin, Marshall, 1920, p. vi.
[2] "Observing Dark Worlds," Kaggle, accessed November 30, 2014, https://www.kaggle.com/c/DarkWorlds.
[3] Salimans, Tim. "Observing Dark Worlds," Tim Salimans on Data Analysis, accessed May 19, 2015, http://timsalimans.com/observing-dark-worlds/.

6

事前分布をハッキリさせよう
Getting Our Priorities Straight

6.1 はじめに

本章の内容は，ベイズ推論でいつも激しい議論になるトピックである．それは，事前分布をどのように選ぶのか，ということだ．また，データセットのサイズが大きくなると事前分布の影響がどのように変化するのか，そして線形回帰における事前分布とペナルティの興味深い関係についても説明する．

本書ではこれまでずっと，事前分布の選び方は気にしてこなかった．これではもったいない．事前分布にもいろいろな要素を詰め込めるからだ．しかしその選び方には慎重になるべきだ．客観性を確保したいとき，つまり事前分布から個人的な信念を排除したいときには，とくに慎重に選ぶ必要がある．

6.2 主観的な事前分布と客観的な事前分布

ベイズ推論には事前分布が2種類ある．一つ目は**客観的な事前分布**で，これはデータが事後分布に最も大きな影響を与えることを許すものである．二つ目は**主観的な事前分布**で，これは実際に使う人が個人的な意見を事前分布に反映させる．

6.2.1 客観的な事前分布

客観的な事前分布の例はすでに見ている．未知数がとりうる範囲全体をカバーする**一様分布**もその一つである．一様事前分布は，すべてのとりうる値を等しく扱う．このような事前分布では，**無差別原理**（principle of indifference）と呼ばれるものに従うこと

になる．つまり，何かの値を贔屓するような事前の理由は何もないのだから，すべて平等に扱うという原理である．ただし，ある範囲に限定した一様分布を客観的というのは厳密には正しくない．例を挙げよう．p が二項分布のパラメータだとして，それが 0.5 以上であることがわかっているとする．そこで事前分布に Uniform(0.5, 1) を使うと，[0.5, 1] の範囲で一様だとしても，これは客観的な事前分布ではない（事前知識を使って範囲を限定しているからだ）．客観的な一様事前分布は，すべてのとりうる値（つまり [0, 1] の範囲）を考えなければならない．

一様分布以外の客観的な事前分布の例はあまり自明ではないが，それらは客観性を反映した重要な性質をもっている．ここでは，客観的な事前分布が本当の意味で客観的であることは少ない，と言っておこう．後でまたこのことについて説明する．

6.2.2 主観的な事前分布

ある値は大きな確率をもち，他の値はそうでもない，というような事前分布を考えた場合には，大きな確率をもつ値に偏った推論結果が得られる．これは主観的な事前分布，あるいは情報を含む事前分布（informative prior）[1]と呼ばれる．

図 6.1 に示す主観的な事前分布は，「未知数が 0.5 付近の値をとりそうだが，0 や 1 の値はほとんどとらないだろう」という信念を反映している．一方の客観的な事前分布は値を選り好みしない．

```
import numpy as np
from IPython.core.pylabtools import figsize
import matplotlib.pyplot as plt
%matplotlib inline
import scipy.stats as stats

figsize(12.5, 3)
colors = ["#348ABD", "#A60628", "#7A68A6", "#467821"]

x = np.linspace(0, 1)
y1, y2 = stats.beta.pdf(x, 1, 1), stats.beta.pdf(x, 10, 10)

p = plt.plot(x, y1,
             label='An objective prior \n'          # 客観的な事前分布
                   '(uninformative, \n'              # 無情報
                   '"Principle of Indifference")')   # 無差別原理
plt.fill_between(x, 0, y1, color=p[0].get_color(), alpha=0.3)
```

---

[1] 訳注：non-informative prior には無情報事前分布という訳語が用いられるが，informative prior には一般的な訳語はない．

```
p = plt.plot(x, y2,
            label='A subjective prior \n'
                  '(informative)')   # 主観的な事前分布（情報あり）
plt.fill_between(x, 0, y2, color=p[0].get_color(), alpha=0.3)

p = plt.plot(x[25:], 2 * np.ones(25),
            label="Another subjective prior")   # 別の主観的な事前分布
plt.fill_between(x[25:], 0, 2, color=p[0].get_color(), alpha=0.3)

plt.ylim(0, 4)
plt.ylim(0, 4)
leg = plt.legend(loc="upper left")
leg.get_frame().set_alpha(0.4)
plt.xlabel('Value')    # 値
plt.ylabel('Density')  # 密度
plt.title("Comparing objective versus subjective priors"
          "for an unknown probability")
```

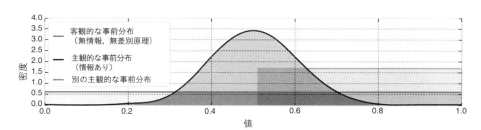

図 6.1　客観的な事前分布と主観的な事前分布

　主観的な事前分布を使うということは，必ずしもユーザーの主観的な意見を使ってしまうことにはならない．そうではなく，他の問題の事後分布がこの問題の事前分布になっている，という状況のほうが多い．するとユーザーは，新しいデータを使ってこの事後分布を更新していることになる．また，主観的な事前分布を使うことは，問題のドメイン知識を使ってモデリングすることにもなる．後でこのような状況の例を二つ説明しよう．

6.2.3　意思決定につぐ意思決定

　事前分布を客観的なものにすべきか主観的なものにすべきかは，解く問題に依存する．ただし，問題の性質によっては，どちらかを選んだほうがよいという場合もある．科学的な研究の場合は明らかに，結果にバイアスが入らない客観的な事前分布にしたほうが

いい．2人の研究者が同じ研究トピックに対して異なる信念をもっている場合，客観的な事前分布を使うほうが公平だと感じるだろう．

　もっと極端な場合を考えてみよう．タバコ会社がベイズ手法を使って喫煙に関する60年にもおよぶ医学的な調査の報告書を公表したとする．この結果を信用してよいだろうか？　多くの人はしないだろう．タバコ会社の研究者たちは，彼らの望む結果に大きく偏るような客観的な事前分布を選んでいるだろうからだ．

　残念ながら，客観的な事前分布を選ぶなら一様分布を使えばよい，というほど物事は単純ではない．今日でさえ，この問題は完全には解決していない．安易に一様分布を使うと，おかしな結果を引き起こすこともある．ささいな問題のときもあるが，実際に大きな問題になることもある．その例を後で見ることにしよう．

　主観的にしろ客観的にしろ，事前分布を選択するということもまたモデリング過程の一部であるということを忘れてはいけない．第1章でも引用したゲルマンはこう述べている[1]．

> モデルを当てはめたら，事後分布を見てそれが妥当かどうかを検証するべきである．もし事後分布が妥当なものでなければ，それはモデルにはまだ組み込まれていない事前知識——使われている事前分布で仮定したのと相反するような知識——があることを意味する．そこでモデリング過程の最初に立ち戻り，その新たな事前知識をもっと反映した事前分布に変更することが望ましい．

　もし事後分布が妥当ではないと思うのなら，明らかに，事後分布が「どうあるべきか」という考えをもっていることになる（勘違いしないでほしいが，これは「どうあってほしいのか」とは違う）．つまり，今使っている事前分布はすべての事前情報を反映していないので，それを更新するべきだ，ということになる．それがわかれば，今の事前分布を捨てて，もっているすべての事前情報を反映したものに変更することができる．

　ゲルマン[2] は，範囲の広い一様分布は客観的な事前分布として適切な場合が多いだろう，と述べている．しかし非常に範囲の広い一様分布を使うと，あまりにも直感に反した値にもそれなりの確率を与えてしまうので，注意が必要である．こう自問してみよう．「この未知数がとてつもなく大きくなることはありうる，と自分は思っているだろうか？」と．数値は0に偏る傾向があることも多い．そんなときには，大きい分散（小さい精度）をもつ正規分布のほうが良い選択肢だろう．正の値（もしくは負の値）だけなら，裾野が広い指数分布もいいかもしれない．

6.2.4 経験ベイズ

経験ベイズ（empirical Bayes）は，頻度主義とベイズ推論を組み合わせるというトリックである．以前にも述べたように，ほとんどの推論問題には，ベイズ主義の手法と頻度主義の手法がある．その二つの大きな違いは，ベイズ手法は事前分布をもち，その事前分布は α や τ などというハイパーパラメータをもつことである．一方の頻度主義（経験主義）の手法には，事前分布というものはない．経験ベイズはこの二つを組み合わせる．α や τ などの選択には頻度主義の手法を用いて，ベイズ主義の推論手法をもとの問題に適用するのである．

簡単な例を示そう．$\sigma = 5$ の正規分布のパラメータ μ を推定したいとする．μ の値がとりうる範囲はすべての実数なので，μ の事前分布に正規分布を使うことができる．次のステップは，その事前正規分布のハイパーパラメータ (μ_p, σ_p^2) を決めることである．σ_p^2 には，問題に応じて考えられる不確実さを設定すればよい．μ_p の選び方には，二つの方法がある．

1. 経験ベイズでは，経験平均（標本平均）を使う．つまり，観測されたデータの平均に事前分布が集まることになる．

$$\mu_p = \frac{1}{N} \sum_{i=0}^{N} X_i$$

2. 普通のベイズ推論では，事前知識を使うか，もっと客観的な事前分布（平均が 0 で，標準偏差が大きなもの）を使う．

客観的なベイズ推論に対して，経験ベイズは半客観的だと言われる．つまり，事前分布の選択は主観的だが，パラメータはデータから決まるので，客観的でもある．

個人的な見解では，経験ベイズは観測データを二重にカウントしている．つまり，データを事前分布に用いており（推論結果が観測データに偏るような事前分布になる），MCMC での推論にも用いている．この二重カウントのせいで，真の不確実さが過小評価されてしまう．この二重カウントの影響を最小限に抑えるためには，観測データ数が非常に大きい場合にだけ経験ベイズを使ったほうがよいだろう．そうでなければ，事前分布が結果に影響を与えすぎてしまう．また可能であれば，不確実さを大きく保つようにしたほうがいいだろう（たとえば σ_p^2 などを大きく設定するとか）．

また，経験ベイズはベイズ推論の思想的な部分にも抵触する．ベイズ推論の教科書は

事前分布 ⇒ 観測データ ⇒ 事後分布

と説明しているが，経験ベイズでは

$$観測データ \Rightarrow 事前分布 \Rightarrow 観測データ \Rightarrow 事後分布$$

となってしまう．理想的には，データを観測する前にすべての事前分布を決定しておくべきである．そうすれば事前の知識や意見がデータに影響されなくなる（ダニエル・カーネマンらの研究を参考にしてほしい）．

6.3 知っておくべき事前分布

ここからは，ベイズ推論やベイズ手法でよく登場する分布を紹介する．

6.3.1 ガンマ分布

ガンマ分布（gamma distribution）に従う確率変数 $X \sim \text{Gamma}(\alpha, \beta)$ は任意の正の実数値をとる．実際，ガンマ分布は指数分布の一般型である．

$$\text{Exp}(\beta) = \text{Gamma}(1, \beta)$$

パラメータが一つ追加されているので，確率密度関数の形状の自由度が大きくなり，ユーザーがもつ主観的な事前分布の形状をより正確に反映することができる．$\text{Gamma}(\alpha, \beta)$ の密度関数は次式である．

$$f(x \mid \alpha, \beta) = \frac{\beta^\alpha x^{\alpha-1} e^{-\beta x}}{\Gamma(\alpha)}$$

ここで，$\Gamma(\alpha)$ はガンマ関数である．図 6.2 のプロットは，いくつかの異なる α と β に対するガンマ分布である．

```
figsize(12.5, 5)
gamma = stats.gamma

parameters = [(1, 0.5), (9, 2), (3, 0.5), (7, 0.5)]
x = np.linspace(0.001, 20, 150)
for alpha, beta in parameters:
    y = gamma.pdf(x, alpha, scale=1. / beta)
    lines = plt.plot(x, y,
                     label="(%.1f,%.1f)" % (alpha, beta), lw=3)
    plt.fill_between(x, 0, y,
                     alpha=0.2, color=lines[0].get_color())
    plt.autoscale(tight=True)

plt.legend(title=r"$\alpha, \beta$ - parameters")  # α, β パラメータ
```

```
plt.xlabel('Value')      # 値
plt.ylabel('Density')    # 密度
plt.title("The Gamma distribution for different values"
          r"of $\alpha$ and $\beta$")
```

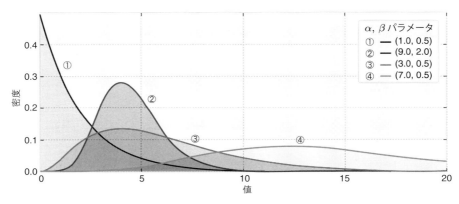

図 6.2　異なる α と β に対するガンマ分布

6.3.2　ウィシャート分布

これまで確率変数はすべてスカラーだったが，もちろん行列を確率変数としてもよい．半正定値行列の分布が**ウィシャート分布**（Wishart distribution）である．なぜこれが有用なのかというと，共分散行列が正定値だから，ウィシャート分布は共分散行列の事前分布に適しているのである．この行列の分布を可視化することはできないので，図 6.3 は，ウィシャート分布からサンプリングした 4×4（上段）と 15×15（下段）の行列の例を可視化している．

```
import pymc as pm

n = 4
hyperparameter = np.eye(n)
for i in range(5):
    ax = plt.subplot(2, 5, i + 1)
    plt.imshow(pm.rwishart(n + 1, hyperparameter),
               interpolation="none", cmap=plt.cm.hot)
    ax.axis("off")

n = 15
hyperparameter = 10 * np.eye(n)
for i in range(5, 10):
```

```
        ax = plt.subplot(2, 5, i + 1)
        plt.imshow(pm.rwishart(n + 1, hyperparameter),
                   interpolation="none", cmap=plt.cm.hot)
        ax.axis("off")

plt.suptitle("Random matrices from a Wishart distribution")
```

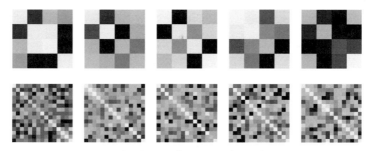

図 **6.3** ウィシャート分布からランダムにサンプリングした 4×4（上段）と 15×15（下段）の行列

図 6.3 を見ると，行列が対称であることが見てとれる．これは，共分散行列も対称行列であることを反映している．ウィシャート分布を扱うのはちょっと厄介なのだが，後で出てくる例題で使い方を見ることにしよう．

6.3.3　ベータ分布

beta という単語がこれまでのコードのなかに現れていたことに気がついていただろうか．本書では，それはしばしば**ベータ分布**（beta distribution）の実装を表していた．ベータ分布はベイズ統計では非常に有用である．確率変数 X がパラメータ (α, β) のベータ分布に従うとき，その確率密度関数は次のようになる．

$$f_X(x|\,\alpha, \beta) = \frac{x^{(\alpha-1)}(1-x)^{(\beta-1)}}{B(\alpha, \beta)}$$

上記の数式で，B はベータ関数である（これが分布の名前の由来である）．ベータ分布に従う確率変数は 0 から 1 までの実数値をとるため，確率や割合をモデリングするのに適している．α と β はどちらも正の値をとり，これらのパラメータのおかげで分布形状の自由度が高くなっている．図 6.4 にいくつかの異なる α と β に対するベータ分布のプロットを示す．

6.3 知っておくべき事前分布

```python
figsize(12.5, 5)

params = [(2, 5), (1, 1), (0.5, 0.5), (5, 5), (20, 4), (5, 1)]
x = np.linspace(0.01, .99, 100)

beta = stats.beta
for a, b in params:
    y = beta.pdf(x, a, b)
    lines = plt.plot(x, y,
                     label="(%.1f,%.1f)" % (a, b), lw=3)
    plt.fill_between(x, 0, y,
                     alpha=0.2, color=lines[0].get_color())
    plt.autoscale(tight=True)

plt.ylim(0)
plt.legend(loc='upper left',
           title="(a,b)-parameters")  # α,β パラメータ
plt.xlabel('Value')    # 値
plt.ylabel('Density')  # 密度
plt.title("The Beta distribution for different values"
          r"of $\alpha$ and $\beta$")
```

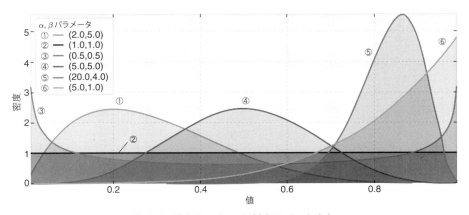

図 6.4 異なる α と β に対するベータ分布

図 6.4 で，パラメータが $(1,1)$ の場合に一様分布が登場していることに気がついただろうか．つまり，ベータ分布は一様分布を一般化したものなのである．このことはこの先の説明にも何度か現れるだろう．

ベータ分布と二項分布の間には興味深い関係がある．ここで，p という未知の確率（も

しくは割合）を推定したいとしよう．そこで，$\text{Beta}(\alpha, \beta)$ を p の事前分布にする．そして，p が未知の二項分布から生成されたデータ $X \sim \text{Binomial}(N, p)$ を観測する．すると，事後分布は $\text{Beta}(\alpha + X, \beta + N - X)$ というベータ分布になるのである．簡単に言えば，事前分布がベータ分布で観測データが二項分布に従うと，事後分布はまたベータ分布になる．計算量的にも経験的にも，これはとても有用な性質である．

具体例を示そう．p の事前分布を $\text{Beta}(1, 1)$ として（これは一様分布だ），観測データを $X \sim \text{Binomial}(N, p)$ とすると，事後分布は $\text{Beta}(1 + X, 1 + N - X)$ になる．たとえば，$N = 25$ 回中 $X = 10$ 回が成功したという観測であれば，p は $\text{Beta}(1 + 10, 1 + 25 - 10) = \text{Beta}(11, 16)$ となる．

6.4　例題：ベイズ多腕バンディット

カジノで 10 台のスロットマシンの前にやってきたとしよう（これは専門用語では「多腕バンディット」というステキな別名がついている）．アーム（レバー）を引いたら当たりが出る確率は，バンディット（スロットマシンのこと）によって違う（とりあえず，どのバンディットも当たりの賞金は同じで，確率だけが違うと仮定しよう）．気前の良いバンディットもあれば，そうでないものもある．もちろん，それらの確率はわからない．1 回につき一つのバンディットを選んでアームを引くことにする．当たれば勝ち，外れたら負けとする．ここでのタスクは，自分の勝ち分を最大化する戦略を立てることである◆1．

もちろん，最も高い確率をもつバンディットを知っていたら，毎回そのバンディットを引くことで勝ち分を最適化できるだろう．つまりタスクを言い換えると，「最も（気前の）良いバンディットがどれなのかを，できるだけ早く見抜く」こととなる．

バンディットが当たるのかどうかは確率的なので，このタスクは簡単ではない．最良のバンディットでなくても，偶然多く当たることもあり，そうするとこれが最も気前の良いバンディットだと信じ込んでしまうだろう．同様に，本当は最良のバンディットでも多く外れてしまうかもしれない．このまま負け続けるべきか，それともあきらめて他にするべきか？

もっと厄介な問題がある．もし「結構良い」バンディットを見つけたら，「結構良い」スコアを維持するためにそのバンディットを引き続けたほうがいいだろうか？　それとも，もっと良いバンディットを見つけるために他も試すべきだろうか？　これが「探索と利用のジレンマ」である．

◆1　Ted Dunning の "MapR Technologies" の例を改変．

6.4.1 応用

多腕バンディット問題は，一見すると不自然な設定で，数学者向けの問題に見えるだろう．しかし，実際には以下のような多数の応用がある．

- ネット広告：企業は，訪問者に見せる広告のパターンをいくつかもっている．しかし，どの広告戦略が売上を最大化するのかはわからない．これは A/B テストに似ているが，成功しなかったグループを最小化したいという，もっともな要求に対処しなければならない．
- 生態学：動物は限られたエネルギーで行動しなければならないが，どの行動が有益なのかはわからない．動物たちはどうやって最適性を定義し，最大化しているのだろう？
- 金融：リターン特性が時間的に変化する状況で，どのストックオプションのリターンが最も高いだろうか？
- 臨床試験：研究者たちは最も効果の高い治療法を見つけたいが，多数の治療を行うため，失敗は最小限に抑えたい．

最適解を得ることは，信じられないほど難しい．そのため，何十年にもわたって手法が開発されてきている．非常に精度の良い近似最適解を得る手法もある．ここで議論する手法は，大規模な問題にも通用し，また容易に修正可能であるという数少ない手法の一つである．この手法はベイズバンディット[3]として知られている．

6.4.2 解法

アルゴリズムは無知の状態（つまり何も知らない）から開始し，システムをテストしながらデータを収集する．データと結果を収集しながら，どの行動が最良または最悪なのかを学習する（この場合，どのバンディットが最良かを学習する）．こう考えると，多腕バンディット問題の応用がもう一つ見つかる．

- 心理学：罰則と報酬は行動に影響をどのように与えるのか？　また，それを人間はどのように学習しているのか？

ベイズバンディットは，各バンディットで勝つ確率の事前分布を仮定することから始まる．この例題では，その確率はまったくわからないと仮定した．だから事前分布としては 0 から 1 の一様分布が適している．アルゴリズムは次のようになる．

1. 各バンディット b の事前分布からランダムな結果 X_b をサンプリングする．
2. 最も高い値のサンプルを出したバンディット B を選択する．つまり $B = \arg\max X_b$ とする．
3. バンディット B の結果を観測し，バンディット B の事前分布を更新する．

4. 1に戻る.

これだけだ．このアルゴリズムの計算には，N個の分布からのサンプリングという処理が含まれる．初期の事前分布は$\mathrm{Beta}(\alpha=1,\beta=1)$，つまり一様分布で，観測結果$X$（勝ちは1，負けは0）は二値なので，事後分布は$\mathrm{Beta}(\alpha=1+X,\beta=1+1-X)$になる．

先程の疑問を解決するためには，アルゴリズムは，負けを出したバンディットをすぐに捨ててしまってはいけない．もっと良いバンディットが他にあるという確信が強まっていたとしても，負けたバンディットも選択する確率を残しておかなければならない（ただし，その確率を減少させる必要があるが）．こうする理由は，負けを出したものが今後B（つまり一番大きい値のサンプルを返すバンディット）になる可能性は，いつまでたってもゼロにはならないからである．しかし何度も繰り返せば，そんなことが起こる確率は減っていく（図6.5を参照）．

以下はベイズバンディットの実装である．ここでは二つのクラスを使っている．一つ目はBanditsというバンディット（スロットマシン）を定義するクラス，二つ目はBayesianStrategyという先程の学習戦略を実装するクラスである．

```
from pymc import rbeta

class Bandits(object):
    """
    N個のバンディットを表すクラス．
    パラメータ: p_array: 0から1までのN個の確率のNumPy array
    メソッド: pull(i): アームを引いた結果（0か1）を返す．
    """

    def __init__(self, p_array):
        self.p = p_array
        self.optimal = np.argmax(p_array)

    def pull(self, i):
        # i番目のアームを引く．勝ったらTrue，負けたらFalseを返す．
        return np.random.rand() < self.p[i]

    def __len__(self):
        return len(self.p)


class BayesianStrategy(object):
    """
```

6.4 例題：ベイズ多腕バンディット

```
多腕バンディット問題を解くオンライン学習の実装.
パラメータ: bandits: バンディットクラス
メソッド: sample_bandits(n): n 回引いて学習する.
属性:
    N: サンプルの累積個数
    choices: N 回の選択履歴の array
    bb_score: N 回のスコア履歴の array
"""

def __init__(self, bandits):
    self.bandits = bandits
    n_bandits = len(self.bandits)
    self.wins = np.zeros(n_bandits)
    self.trials = np.zeros(n_bandits)
    self.N = 0
    self.choices = []
    self.bb_score = []

def sample_bandits(self, n=1):

    bb_score = np.zeros(n)
    choices = np.zeros(n)

    for k in range(n):
        # バンディットの事前分布からサンプリングし,
        # 最も値の大きいサンプルを選択する.
        choice = np.argmax(
            rbeta(1 + self.wins,
                  1 + self.trials - self.wins))

        # 選択したバンディットからサンプリング
        result = self.bandits.pull(choice)

        # 事前分布とスコアを更新
        self.wins[choice] += result
        self.trials[choice] += 1
        bb_score[k] = result
        self.N += 1
        choices[k] = choice

    self.bb_score = np.r_[self.bb_score, bb_score]
    self.choices = np.r_[self.choices, choices]
```

図 6.5 は，このベイズバンディットアルゴリズムの進行状況を可視化したものである.

```
figsize(11.0, 10)
```

```python
beta = stats.beta
x = np.linspace(0.001, .999, 200)


def plot_priors(bayesian_strategy, prob,
                lw=3, alpha=0.2, plt_vlines=True):
    # プロット関数
    wins = bayesian_strategy.wins
    trials = bayesian_strategy.trials

    for i in range(prob.shape[0]):
        y = beta(1 + wins[i], 1 + trials[i] - wins[i])
        p = plt.plot(x, y.pdf(x), lw=lw)
        c = p[0].get_markeredgecolor()
        plt.fill_between(x, y.pdf(x), 0, color=c, alpha=alpha,
                         label="underlying probability: %.2f"
                         % prob[i])  # 未知の確率
        if plt_vlines:
            plt.vlines(prob[i], 0, y.pdf(prob[i]),
                       colors=c, linestyles="--", lw=2)
        plt.autoscale(tight="True")
        plt.title("Posteriors after %d pull"  # N 回引いた後の事後分布
                  % bayesian_strategy.N + \
                  "s" * (bayesian_strategy.N > 1))
        plt.autoscale(tight=True)
    return

hidden_prob = np.array([0.85, 0.60, 0.75])
bandits = Bandits(hidden_prob)
bayesian_strat = BayesianStrategy(bandits)

draw_samples = [1, 1, 3, 10, 10, 25, 50, 100, 200, 600]

for j, i in enumerate(draw_samples):
    plt.subplot(5, 2, j + 1)
    bayesian_strat.sample_bandits(i)
    plot_priors(bayesian_strat, hidden_prob)
    plt.autoscale(tight=True)

plt.xlabel('Value')      # 値
plt.ylabel('Density')    # 密度
plt.tight_layout()

plt.suptitle("Posterior distributions of our inference about"
             "each bandit after different numbers of pulls")
plt.subplots_adjust(top=.93)
```

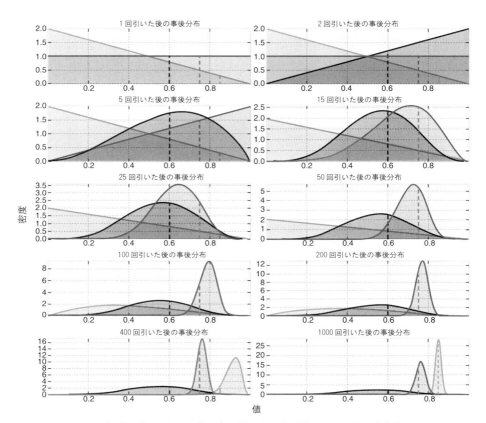

図 6.5 各バンディットの事後分布．引いた回数が増えるにつれて変化する．

　ここで，未知の確率をどれだけ精度よく推定しているかは気にしていないことに注意してほしい．この問題では，最良のバンディットが選択できたかどうか（もっと正確には，最良のバンディットを選択したことの確信が強くなっているかどうか）が重要なのだ．そのため，図 6.5 での黒いバンディットの分布の幅は非常に広くなっている（未知の確率がわからないということを反映している）が，それが最良のバンディットではないということが確信できる．だからアルゴリズムはそれを無視して選択することになる．
　図 6.5 では，1,000 回引いた後に，薄い灰色のバンディットがトップになるので，ほとんどの場合にそのバンディットのアームを引くことになる．実際にそれが最良のバンディットだから，この選択は正しい．
　観測した当たりの割合が，真の確率からどの程度離れているのかが性能の評価指標になる．たとえば，非常に長い間引き続ければ，当たった回数と引いた回数の比率は，最

大確率をもつバンディットの確率に近づいていく．長い間引いていても比率が最大確率よりも小さいなら，それは戦略が非効率だということになる（最大確率よりも大きい比率はランダムによるもので，最終的には小さくなる）．

6.4.3 良さを測る

次に，戦略がどれだけうまく機能しているのかを測る指標が必要になる．ここで，ベストな戦略というのは，勝ちの確率が最も大きいものだけを引き続けることだということを思い出してほしい．この最良のバンディットの当たりの確率を w_{opt} とする．指標は，この最良のバンディットを最初から引き続けた場合と比較してどの程度良いのか，という相対的なものであるべきである．その指標を表現するために，戦略の**全リグレット** (total regret) を定義する◆1．これは，最適な戦略を T 回引いた場合（最良のバンデットを引き続けた場合）のリターンと，別の戦略で T 回引いた場合のリターンとの差で定義される．

$$R_T = \sum_{i=1}^{T} (w_{opt} - w_{B(i)})$$
$$= T w_{opt} - \sum_{i=1}^{T} w_{B(i)}$$

この式で，$w_{B(i)}$ は i 回目に選ばれたバンディットの当たりの確率である．全リグレットが 0 ということは，その戦略が最適戦略と同じリターンを達成したということになる．しかし，最初のうちは間違って悪いバンディットを引くことが多いだろうから，0 ということはありそうにない．理想的には，最良のバンデットを学習すれば（数学的には，$w_{B(i)} = w_{opt}$ を達成すれば）戦略の全リグレットは小さくなる．

図 6.6 は，以下の戦略の全リグレットをプロットしたものである．

1. ランダム：ランダムに選択したバンディットのアームを引く．この戦略に勝てないようなら，アームを引くのはやめたほうがいい．
2. 最大ベイズ信用区間上限：推定された確率の 95%信用区間の上限が最も大きいバンディットを引く．
3. ベイズ-UCB アルゴリズム：「スコア」が最も大きいバンディットを引く．ここでスコアとは，事後分布の分位点を動的に更新したものである（[3,4] を参照）．
4. 事後分布平均：事後分布の平均がもっと大きいバンディットを引く．これは（コン

◆1 訳注：regret とは後悔のことである．

ピュータをもっていない）人間がとりやすい戦略である．

5. 最大観測割合：現在までに観測された，当たりの割合が最も大きいバンディットを引く．

この戦略のコードは other_strats.py にある[1]．自分の戦略を実装することも簡単にできる．

```
from urllib.request import urlretrieve
# other_strats.py のダウンロード
urlretrieve("https://git.io/vXL9A", "other_strats.py")
```

```
figsize(12.5, 5)
from other_strats import *

# もっと難しい問題を定義
hidden_prob = np.array([0.15, 0.2, 0.1, 0.05])
bandits = Bandits(hidden_prob)

# リグレットを定義


def regret(probabilities, choices):
    w_opt = probabilities.max()
    return (w_opt - probabilities[choices.astype(int)]).cumsum()

# 新しい戦略を作成
strategies = [upper_credible_choice,    # 最大ベイズ信用区間上限
              bayesian_bandit_choice,   # ベイズバンディット戦略
              ucb_bayes,                # ベイズ - UCB アルゴリズム
              max_mean,                 # 最大観測割合
              random_choice]            # ランダム
algos = []
for strat in strategies:
    algos.append(GeneralBanditStrat(bandits, strat))

# 10,000 回のサンプルで学習
for strat in algos:
    strat.sample_bandits(10000)

# テストしてプロット
for i, strat in enumerate(algos):
    _regret = regret(hidden_prob, strat.choices)
```

---

[1] 訳注：https://github.com/CamDavidsonPilon/Probabilistic-Programming-and-Bayesian-Methods-for-Hackers/blob/master/Chapter6_Priorities/other_strats.py （短縮 URL https://git.io/vXL9A）

```
        plt.plot(_regret, label=strategies[i].__name__, lw=3)

plt.title("Total regret of the Bayesian Bandits strategy "
          "versus random guessing")
plt.xlabel("Number of pulls")   # 引いた回数
plt.ylabel("Regret after $n$ pulls")   # n 回引いた後のリグレット
plt.legend(loc="upper left")
```

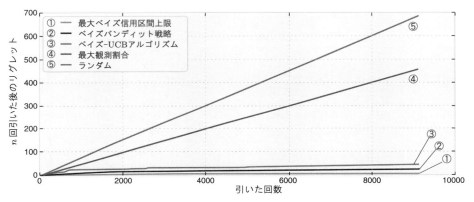

図 6.6　ベイズ戦略とランダム戦略の全リグレット

　ベイズ推論を用いた戦略では，どれもリグレットがそれほど増加していない．これは最適な選択を達成しているということを表している．ただし，1回のシミュレーションの結果だけでは偶然に運が良かっただけかもしれないので，より科学的に調べるには**期待リグレット**を評価するべきだろう．これは，可能なすべてのシナリオについての，全リグレットの期待値で定義される．

$$\bar{R}_T = E[R_T]$$

どんな準最適な戦略でも，期待リグレットは対数的に増加することが示されている．数学的には以下のように書く．

$$E[R_T] = \Omega(\log(T))$$

したがって，対数的に増加するリグレットをもつ戦略は，どれも多腕バンディット問題が解けると言える[4]．

　大数の法則を使うと，同じ実験を何回も（少なくとも 200 回程度は）実行することで，ベイズバンディット戦略の期待リグレットを近似することができる．その結果を図 6.7 に示す．

6.4 例題：ベイズ多腕バンディット

```
# 実行には数分かかります.

trials = 200
expected_total_regret = np.zeros((1000, 3))

for i_strat, strat in enumerate(strategies[:-2]):
    for i in range(trials):
        general_strat = GeneralBanditStrat(bandits, strat)
        general_strat.sample_bandits(1000)
        _regret = regret(hidden_prob, general_strat.choices)
        expected_total_regret[:, i_strat] += _regret
    plt.plot(expected_total_regret[:, i_strat] / trials,
             lw=3, label=strat.__name__)

plt.title("Expected total regret of "
          "different multi-armed bandit strategies")
plt.xlabel("Number of pulls")   # 引いた回数
plt.ylabel("Expected total regret\n"
           "after $n$ pulls")   # n 回引いた後の期待リグレット
plt.legend(loc="upper left")
```

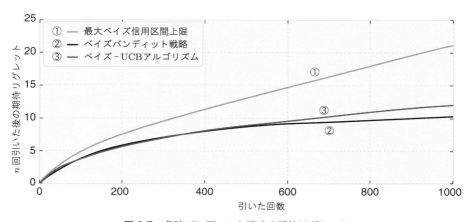

図 6.7 多腕バンディット戦略の期待リグレット

また，同じプロットを対数スケールで表示したものを図 6.8 に示す．こちらのほうが違いがわかりやすいだろう．

```
[pl1, pl2, pl3] = plt.plot(expected_total_regret[:, [0, 1, 2]],
                           lw=3)

plt.xscale("log")
```

```
plt.legend([pl1, pl2, pl3],
           ["Upper credible bound",    # 最大ベイズ信用区間上限
            "Bayesian Bandits",         # ベイズバンディット戦略
            "UCB-Bayes"],               # ベイズ - UCB アルゴリズム
           loc="upper left")
plt.ylabel("Expected total regret\n"
           r"after $\log(n)$ pulls")   # n 回引いた後の期待リグレット
plt.xlabel("Number of pulls, $n$")     # 引いた回数
plt.title("Log-scale of the expected total regret of"
          "different multi-armed bandit strategies")
```

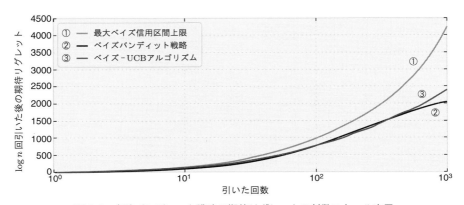

図 6.8 多腕バンディット戦略の期待リグレットの対数スケール表示

6.4.4 アルゴリズムの拡張

ベイズバンディットアルゴリズムは単純なので，拡張も簡単である．次のような拡張が考えられる．

- もし「最小」確率のバンディットを選びたいなら（たとえば賞品が罰ゲームというシチュエーションなら），単純に $B = \arg\min X_b$ を選択して次へ進めばよい．
- 学習率の追加：時間経過によって環境が変化すると仮定しよう．アルゴリズム的には，それまで最良だと思っていたものが負け始めるということなので，標準的なベイズバンディットならば，自分自身で行動を更新するだろう（すばらしい！）．このアルゴリズムをもっと拡張して，更新時に学習率（rate）をかけた項を加えることで，変化する環境にもっと速く追従するように学習させることができる．

```
self.wins[ choice ] = rate*self.wins[ choice ] + result
self.trials[ choice ] = rate*self.trials[ choice ] + 1
```

もし rate < 1 なら，アルゴリズムは過去の勝ちの記憶を急速に忘れていき，無知の状

態へと戻るような圧力がはたらく．逆に rate > 1 とすると，アルゴリズムはリスクを避け，環境の変化には保守的になって，これまでに勝ったものをより多く選択するようになる．

- 階層的アルゴリズム：小さなバンディットアルゴリズムの上に，さらにベイズバンディットアルゴリズムを積み重ねることができる．それぞれが少しずつ違う N 個のベイズバンディットモデルがあるとしよう（たとえば，変化に対する敏感さが違うことを表現するために，異なる学習率をもたせる）．これらの N 個の下位ベイズバンディットの上に，別の上位ベイズバンディットをつくる．上位バンディットモデルは，下位バンディットモデルを一つ選択する．選択された下位バンディットモデルは，どのバンディットを引くのかをその内部で決める．上位バンディットモデルは，下位バンディットモデルが正しかったかどうかをもとにして，自分自身を更新する．
- バンディット A の当たりの賞金 y_a を，確率分布 $f_{y_a}(y)$ に従う確率変数に拡張する．もっと一般に，この問題は「最大期待値をもつバンディットを見つける」と言い換えられる．最大の期待値をもつバンディットを選ぶ戦略が最適だからだ．これまでの例では，f_{y_a} は確率 p_a のベルヌーイ分布に従う確率変数で（勝ったか負けたかを 0，1 で表すことができたから），そのバンディットの期待値は p_a に等しかった．このために，勝つ確率を最大化しようとしているように見えたのである．もし当たった結果の確率変数がベルヌーイ分布には従わず，そして非負なら，(f を知っていると仮定すれば）分布を平行移動するだけで達成できる．そして，アルゴリズムは以前と同じく次のようになる．

  各回について，

  1. 各バンディット b の事前分布からランダムな結果 X_b をサンプリングする．
  2. 最も高い値のサンプルを出したバンディット B を選択する．つまり $B = \arg\max X_b$ とする．
  3. バンディット B を引いた結果 $R \sim f_{y_b}$ を観測し，バンディット B の事前分布を更新する．
  4. 1 に戻る．

問題は，X_b をサンプリングするステップである．事前分布にベータ分布を用い，観測がベルヌーイ分布に従うなら，事後分布はベータ分布であり，計算が簡単だった．しかし今は，f は任意の分布で，事後分布はどんな分布になるかわからない．その分布からのサンプリングは難しくなることがある．

ベイズバンディットアルゴリズムはコメントシステムにも拡張されている．第 4 章を思い出そう．そこでは，全投票数に対する upvote 数の割合のベイズ下限をもとにしたランキングアルゴリズムを考えた．このアプローチの問題の一つは，トップのコメントが古いコメントに偏ることだった．なぜなら，古いコメントはすでに多くの投票を得ており（だからそのコメントのベイズ下限は真の比率に近くなる），そのため古いコメント

が多くの投票をもらい，よりトップに表示され，また投票をもらい，という正のフィードバックがはたらいてしまっているためである．だから，本当は良いかもしれないコメントが，新しいというだけで下のほうに表示されてしまう．J. Neufeld はベイズバンディットアルゴリズムを用て，この問題を改善するシステムを提案した．

彼の提案は，それぞれのコメントをバンディットだとみなすというものだった．選択する回数は投票された回数に等しく，当たりの回数は upvote の数に等しいとする．この事後分布は $\text{Beta}(1+U, 1+D)$ になる．ユーザーがページを訪問すると，サンプルを各バンディット（コメント）からサンプリングする．そして最大のサンプル値をもつコメントを表示する代わりに，コメントはそれがもつサンプル値に応じてランキングされる．J. Neufeld はブログでこう書いている[5]．

> このランキングアルゴリズムはとても単純だ．コメントページがロードされるたびに，各コメントのスコアを $\text{Beta}(1+U, 1+D)$ からサンプリングし，そのスコアに応じてコメントを降順にランキングする．（略）このランダム化にはユニークなメリットがある．5,000 以上のコメントのうち，投票されていないコメントでさえ（略）スレッドに表示される可能性があるのだ（今現在のものではないかもしれないが）．と同時に，ユーザーはこれらの新しいコメントへの評価づけに忙殺されることのないようになっている．

試しに，ベイズバンディットアルゴリズムで 35 種類の異なるバンディットを学習してみた結果を図 6.9 に示す．

```
figsize(12.0, 8)

beta = stats.beta
hidden_prob = beta.rvs(1, 13, size=35)
print(hidden_prob)

bandits = Bandits(hidden_prob)
bayesian_strat = BayesianStrategy(bandits)

for j, i in enumerate([100, 200, 500, 1300]):
    plt.subplot(2, 2, j + 1)
    bayesian_strat.sample_bandits(i)
    plot_priors(bayesian_strat, hidden_prob,
                lw=2, alpha=0.0, plt_vlines=False)
    plt.xlim(0, 0.5)
```

```
[Output]:

[ 0.2411  0.0115  0.0369  0.0279  0.0834  0.0302  0.0073  0.0315  0.0646
  0.0602  0.1448  0.0393  0.0185  0.1107  0.0841  0.3154  0.0139  0.0526
  0.0274  0.0885  0.0148  0.0348  0.0258  0.0119  0.1877  0.0495  0.236
  0.0768  0.0662  0.0016  0.0675  0.027   0.015   0.0531  0.0384]
```

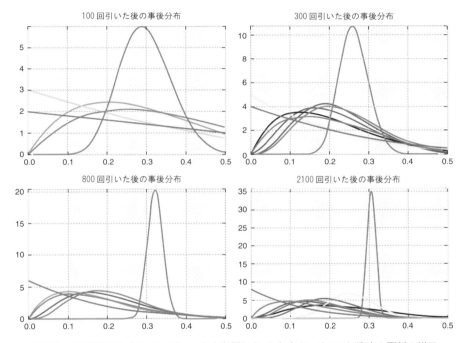

図 **6.9** 35 種類の異なるバンディットを学習したベイズバンディット戦略の更新の様子

6.5 その分野の専門家から事前分布を引き出す

　主観的な事前分布を使えば，実際に推論を行うユーザーがもっている問題についてのドメイン知識を，数学的枠組みに組み入れることができる．ドメイン知識を使うことは，以下のようないろいろな理由から有用である．

- MCMC の収束のスピードが上がる．たとえば，未知パラメータが正であると知っていれば，正の範囲に限定することができて，計算時間が節約できる．さもなければ，負の範囲まで探索しなければならない．

- 推論がより正確になる．真のパラメータの値付近の重みを上げれば，最終的な推論結果は（事後分布の幅が狭くなり）その付近に集まることになる．
- 不確実さをよく表現できる．第 5 章の "Price Is Right" を参照．

もちろん，ベイズ手法を適用するエンジニアは，すべての分野のエキスパートにはなれないので，そのドメインの専門家に話を聞いて事前分布をつくらなければならない．ただし，どうやってこれらの事前分布を引き出すかについては慎重になったほうがいい．以下のようなことを考慮する必要がある．

- 自分の経験からすると，ベイズを知らない人に対してベータやガンマなどと言わないほうがいい．さらに統計を専門としない人は，連続確率密度関数が 1 よりも大きい値もとると聞くとひっくり返ることがある．
- よくあるのは，ロングテールの稀なイベントを無視して，分布の平均付近に大きすぎる重みを置いてしまうことだ．
- それから，推論結果の不確実さを常に過小評価する（そして結果が絶対的だと思い込む）．

技術者ではないエキスパートから事前知識を引き出そうとすることは，非常に難しい．確率分布や事前分布などの概念を持ち出すと相手を怖がらせてしまいかねない．次節では，もっと簡単な別の方法を紹介しよう．

6.5.1 ルーレット法

ルーレット法（trial roulette method）[6] は，カウンタ（カジノのチップのようなもの）を置くだけで，どんな値をとりやすいと専門家が考えているのかを引き出し，事前分布を構築することができる方法である．専門家は N 個のカウンタ（チップ）をもっている（たとえば $N = 20$）．そして，プリントされたグリッドのマス目に，カウンタを置いていく．このグリッドの一つのマス目は一つの区間を表す．マス目に積まれたカウンタの数は，その区間に結果がくる確率についての信念を表している．カウンタが一つ積まれると，その区間に結果がくる確率を $1/N = 0.05$ だけ増やす．たとえば，学生が将来のテストの点を予想するように言われたとしよう[7]．図 6.10 は，カウンタを置いた後のグリッドで，グリッドの横軸は学生が考えたテストの点である．ここから主観的な事前分布を引き出すことになる．全部で 20 個のカウンタを使った結果，テストの点数が 50 から 59.9 の間になる可能性は 15% であると学生は信じていることがわかった．

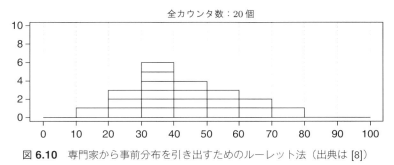
図 6.10　専門家から事前分布を引き出すためのルーレット法（出典は [8]）

この結果から，専門家の考えを反映した分布をつくることができる．この方法を採用するべき理由はいくつもある．

- 専門家に長々と質問をしなくても，専門家のもつ主観的な事前分布の形状を理解できる．統計学者はカウンタの個数を数えるだけで済む．
- 事前分布をつくる過程で，専門家は最初においたカウンタの場所や数をいろいろと変えてもよい．そのため，最終的に専門家は満足する結果にたどり着く．
- 得られるものが確率分布になることが保証される．カウンタが全部使われたら，確率は足して 1 になっている．
- 視覚的な方法のほうが結果は正確になる．相手が，そこそこの統計知識しかもたない場合はとくにそうだ．

6.5.2　例題：株売買の収益

ファンドマネージャー（金融のプロのこと[9]）の方に一言．あなたのやり方は間違っている．どの株を買うのかを選ぶとき，アナリストはその株の**日次リターン**（daily return, 日次収益率）に注目することが多い．S_t を t 日目の株価とすると，t 日目の日次リターンは以下のようになる．

$$r_t = \frac{S_t - S_{t-1}}{S_{t-1}}$$

期待日次リターンは $\mu = E[r_t]$ と表される．当然ながら，期待日次リターンが大きい株を買いたい．残念ながら，リターンはノイズだらけなので，このパラメータを推定することはとても難しい．さらに，このパラメータは時間経過によって変化するため（銘柄 AAPL（アップル）の株価の上昇と下降を考えればわかる），膨大な過去のデータを利用するのはあまり賢い方法ではない．

歴史的には，期待日次リターンはサンプルの平均で推定されてきた．これは良くないアイデアだ．前にも述べたように，小さいデータセットのサンプル平均は間違っている可能性が非常に大きい（詳細は第 4 章を参照）．そのため，推定された値とその不確実さを見ることができるベイズ推論のほうが適切な方法なのである．

この例題では，AAPL（アップル），GOOG（グーグル），TSLA（テスラモーターズ），AMZN（アマゾン）の日次リターンを考えてみよう．これらの銘柄の日次リターンを図 6.12 と図 6.13 に示す．データをじっくり眺める前に，ファンドマネージャーに「それぞれ会社はどのようなリターン特性をもつと思いますか？」と尋ねるとしよう．我らがファンドマネージャーが四つの銘柄の四つの分布をつくるためには，正規分布とか事前分布や分散などの知識はいらない．前節で紹介したルーレット法を使えばいい．そうしてできた特性は正規分布に見えたとし，そのため正規分布を当てはめることにしたとしよう．そうしてプロットしたファンドマネージャーによる事前分布が図 6.11 だ．

```
figsize(11.0, 5)
colors = ["#348ABD", "#A60628", "#7A68A6", "#467821"]

normal = stats.norm
x = np.linspace(-0.15, 0.15, 100)

expert_prior_params = {"AAPL": (0.05, 0.03),    # アップル
                       "GOOG": (-0.03, 0.04),   # グーグル
                       "TSLA": (-0.02, 0.01),   # テスラ
                       "AMZN": (0.03, 0.02)}    # アマゾン
for i, (name, params) in enumerate(expert_prior_params.items()):
    plt.subplot(2, 2, i + 1)
    y = normal.pdf(x, params[0], scale=params[1])
    plt.fill_between(x, 0, y, color=colors[i], linewidth=2,
                     edgecolor=colors[i], alpha=0.6)
    plt.title(name + " prior")  # 事前分布
    plt.vlines(0, 0, y.max(), "k", "--", linewidth=0.5)
    plt.xlim(-0.15, 0.15)
    plt.tight_layout()
```

6.5 その分野の専門家から事前分布を引き出す

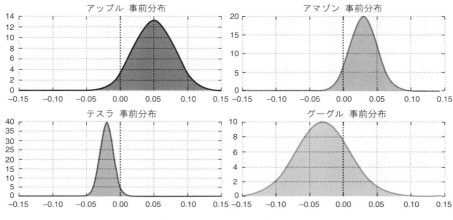

図 6.11 異なる銘柄のリターンの事前分布

　これらは主観的な事前分布だ．ファンドマネージャーは各銘柄のリターンについて個人的な意見をもっていて，それが分布に反映されている．ただしこれは希望的観測ではなく，ドメイン知識なのだ．

　これらのリターンのモデリングの精度を上げるには，リターンの共分散行列を考えたほうがいい．たとえば，非常に相関の高い二つの銘柄はおそらく一緒に値下がりするので，同時に投資するのはあまり賢い方法ではない（だからファンドマネージャーはいつも分散投資する）．これをモデリングするために，6.3.2 項で説明したウィシャート分布を使おう．

```
import pymc as pm
n_observations = 100   # 過去 100 日で打ち切る.

prior_mu = np.array([x[0] for x in expert_prior_params.values()])
prior_std = np.array([x[1] for x in expert_prior_params.values()])

inv_cov_matrix = pm.Wishart("inv_cov_matrix", n_observations,
                            np.diag(prior_std**2))
mu = pm.Normal("returns", prior_mu, 1, size=4)
```

　次に，これらの銘柄の過去のデータを参考にする．そのためには ystockquote.py が必要である[1]．

---

[1] 訳注：https://github.com/CamDavidsonPilon/Probabilistic-Programming-and-Bayesian-Methods-for-Hackers/blob/master/Chapter6_Priorities/ystockquote.py （短縮 URL https://git.io/vXLHQ）

```
from urllib.request import urlretrieve
# ystockquote.py のダウンロード
urlretrieve("https://git.io/vXLHQ", "ystockquote.py")
```

```
import datetime
import ystockquote as ysq

stocks = ["AAPL", "GOOG", "TSLA", "AMZN"]

startdate = "2012-09-01"
enddate = "2015-04-27"
# 今日までにしたければ enddate を以下のものに変更する.
# enddate = datetime.datetime.now().strftime("%Y-%m-%d")

stock_closes = {}
stock_returns = {}
CLOSE = 6

for stock in stocks:
    x = np.array(ysq.get_historical_prices(stock,
                                            startdate,
                                            enddate))
    stock_closes[stock] = x[1:, CLOSE].astype(float)

# リターンを作成
for stock in stocks:
    _previous_day = np.roll(stock_closes[stock], -1)
    stock_returns[stock] = \
        ((stock_closes[stock] - _previous_day) /
         _previous_day)[:n_observations]
dates = list(map(lambda x:
                 datetime.datetime.strptime(x, "%Y-%m-%d"),
                 x[1:n_observations + 1, 0]))

figsize(12.5, 4)

for _stock, _returns in stock_returns.items():
    p = plt.plot((1 + _returns)[::-1].cumprod() - 1,
                 '-o', label="%s" % _stock,
                 markersize=4, markeredgecolor="none")

plt.xticks(np.arange(100)[::-8],
           list(map(lambda x:
                    datetime.datetime.strftime(x, "%Y-%m-%d"),
                    dates[::8])),
           rotation=60)
```

```
plt.legend(loc="upper left")
plt.title("Return space representation of the price of the stocks")
plt.xlabel("Date")  # 日付
plt.ylabel("Return of $1 on first date, "
           "x 100%")  # 初期投資 1 ドルのリターン [%]
```

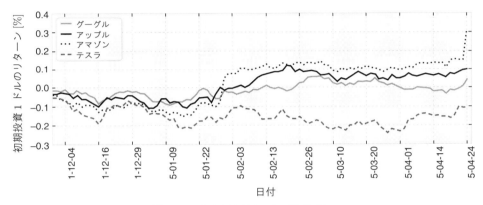

図 6.12 各銘柄のリターン（収益率）

```
figsize(11.0, 5)
returns = np.zeros((n_observations, 4))

for i, (_stock, _returns) in enumerate(stock_returns.items()):
    returns[:, i] = _returns
    plt.subplot(2, 2, i + 1)
    plt.hist(_returns, bins=20, histtype="stepfilled",
             normed=True, color=colors[i], alpha=0.7)
    plt.title(_stock + " returns")
    plt.xlim(-0.15, 0.15)
    plt.xlabel('Value')    # 値
    plt.ylabel('Density')  # 密度

plt.tight_layout()
plt.suptitle("Histogram of daily returns of stocks")
```

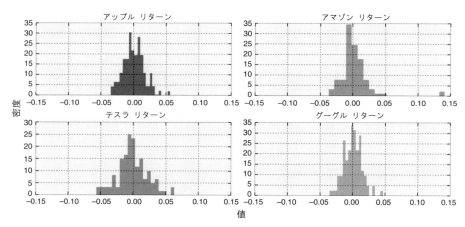

図 6.13 各銘柄の日次リターンの履歴

次に，事後平均と事後共分散行列を推定する．推定された事後分布を図 6.14 に示す．

```
obs = pm.MvNormal("observed returns", mu, inv_cov_matrix,
                  observed=True, value=returns)
model = pm.Model([obs, mu, inv_cov_matrix])
mcmc = pm.MCMC(model)
mcmc.sample(150000, 100000, 3)
```

```
[Output]:

[****************100%******************]  150000 of 150000 complete
```

```
figsize(12.5, 4)

# まず平均リターンを検討する.
mu_samples = mcmc.trace("returns")[:]

for i in range(4):
    plt.hist(mu_samples[:, i], alpha=0.8 - 0.05 * i, bins=30,
             histtype="stepfilled", normed=True,
             label="%s" % list(stock_returns.keys())[i])

plt.vlines(mu_samples.mean(axis=0), 0, 500,
           linestyle="--", linewidth=.5)

plt.title("Posterior distribution of $\mu$, "
```

```
                "daily stock returns")
plt.xlabel('Value')    # 値
plt.ylabel('Density')  # 密度
plt.legend()
```

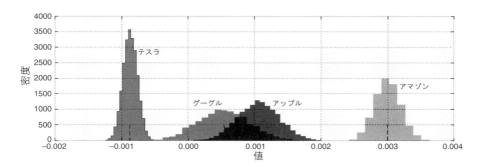

図 6.14　日次リターンの μ の事後分布

　これから何が言えるだろうか？　明らかにアマゾンは優良銘柄で，この解析結果では日次リターンが 0.3% もある．逆にテスラの分布はほとんどが 0 以下なので，真の日次リターンが負であるということを示している．

　すぐには気がつかなかったかもしれないが，これらの事後分布の分散は，事前分布の分散よりもかなり小さい．図 6.15 のように，事前分布と同じ横軸のスケールで事後分布を表示するとわかるだろう．

```
figsize(11.0, 3)
for i in range(4):
    plt.subplot(2, 2, i + 1)
    plt.hist(mu_samples[:, i], alpha=0.8 - 0.05 * i, bins=30,
             histtype="stepfilled", normed=True, color=colors[i],
             label="%s" % list(stock_returns.keys())[i])
    plt.title("%s" % list(stock_returns.keys())[i])
    plt.xlim(-0.15, 0.15)

plt.suptitle("Posterior distribution of daily stock returns")
plt.xlabel('Value')    # 値
plt.ylabel('Density')  # 密度
plt.tight_layout()
```

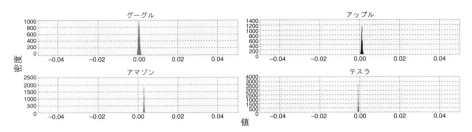

図 6.15 日次リターンの μ の事後分布

なぜこうなったのだろう？　先程，金融データには非常にノイズが多い，と言ったことを思い出してほしい．このような状況での推論は非常に困難になる．そのため，この結果をそのまま解釈することには慎重になったほうがいい．図 6.13 を見ると，0 を中心に分布している．つまり，リターンは 0 かもしれないのだ．さらに，結果は主観的な事前分布にも影響されている．ファンドマネージャーの立場からすると，銘柄についての更新された信念が反映されているのだから，この結果は悪くない．しかし，中立的な立場で見れば，この結果は主観的すぎる．

図 6.16 に，事後相関行列と事後分散を示す．計算上知っておくべきことは，ウィシャート分布は共分散行列の逆行列をモデリングするので，その逆行列をとって共分散行列にしなければならない，ということだ．さらにそれを正規化すると，相関行列になる．数百もの行列をわかりやすく表示することはできないから，ここでは**相関行列の事後平均**（つまり行列の事後分布の要素ごとの期待値）を表示した．計算上は，事後分布からのサンプルを平均すればよい．

```
inv_cov_samples = mcmc.trace("inv_cov_matrix")[:]
mean_covariance_matrix = np.linalg.inv(inv_cov_samples.mean(axis=0))


def cov2corr(A):
    # 共分散行列から相関行列へ変換
    d = np.sqrt(A.diagonal())
    A = ((A.T / d).T) / d
    return A


plt.subplot(1, 2, 1)
plt.imshow(
    cov2corr(mean_covariance_matrix),
    interpolation="none", cmap=plt.cm.hot)
plt.xticks(np.arange(4), stock_returns.keys())
```

```
plt.yticks(np.arange(4), stock_returns.keys())
plt.colorbar(orientation="vertical")
plt.title("(Mean posterior) correlation matrix")

plt.subplot(1, 2, 2)
plt.bar(np.arange(4),
        np.sqrt(np.diag(mean_covariance_matrix)),
        color="#348ABD",
        alpha=0.7)
plt.xticks(np.arange(4) + 0.5, stock_returns.keys())
plt.title("(Mean posterior) variances of daily stock returns")
plt.xlabel('Stock')      # 銘柄
plt.ylabel('Variance')   # 分散（ボラティリティ）

plt.tight_layout()
```

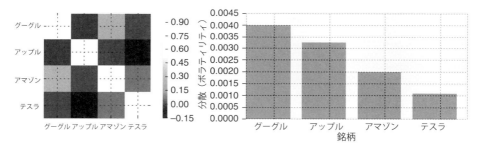

図 6.16 （左）：相関行列（の事後平均）．（右）：日次リターンの分散（の事後平均）．

図 6.16 を見ると，グーグルは平均以上のボラティリティがあると言える．相関行列を見ると，全体的に強い相関がないように見えるが，グーグルとアマゾンは比較的相関が高い（だいたい 0.3）．

ベイズ推論を使えば，こうして株式相場の問題を平均・分散の最小化問題に落とし込むことができる（ここで強調しておこう．平均・分散最小化問題に頻度主義の点推定を使ってはダメだ！）．この最適化の目的関数は，リターンと分散のトレードオフのバランスをとったものとなっている．最適な重みを w_{opt} と書くと，最適化問題は次のように書ける．

$$w_{opt} = \max_w \frac{1}{N} \left(\sum_{i=0}^{N} \mu_i^T w - \frac{\lambda}{2} w^T \Sigma_i w \right)$$

ここで，μ_i と Σ_i は，平均リターンと共分散行列の i 番目の事後推定値である．これは

損失関数最適化の例でもある．

6.5.3　上級者向け：ウィシャート分布のノウハウ

先程の例では，ウィシャート分布を使っても問題は生じなかったが，残念ながらいつもこううまくいくとは限らない．$N \times N$ の共分散行列には未知数が $(1/2)N(N-1)$ 個あり，これを推定しなければならないことが問題になる．N がそれほど大きくなくても，未知数の数は非常に大きくなる．私は以前に，先程のシミュレーションを $N = 23$ 銘柄で試したことがある．しかし，この方法では（この問題のもともとの未知数に加えて）さらに $23 \times 11 = 253$ 個の未知数を MCMC に推定させなければならず，結局あきらめた．これを MCMC で実現するのは簡単ではない．何しろ MCMC が探索する次元が 250 次元以上も追加されるのだ．最初は簡単な問題だと思えたのに！　そんなことにならないように，いくつかノウハウを紹介する．

1. 可能なら共役分布を使う（6.6 節参照）．
2. 良い初期値を使う．何が候補になりそうだろうか？　もちろん観測データサンプルの共分散行列だ！　なお，これは経験ベイズではない．事前分布のパラメータに使うのではなく，MCMC の初期値に使うだけだからである．また，数値的な安定性を確保するためには，サンプル共分散行列の（float 型の）数値を切り捨てて，有効桁数を小さくしたほうがいい（そうしないと対称行列にならないので PyMC に叱られる）．
3. できるなら，事前分布にはドメイン知識を詰め込む．「できるなら」というのは，$(1/2)N(N-1)$ 個のすべての未知数に対して事前知識があるわけではないからである．できない場合には 4. を参照．
4. 経験ベイズを使う．つまり，サンプル共分散行列を事前分布のパラメータに使う．
5. 問題の N が非常に大きい場合には，できることはほとんどない．しかし，自分に問いかけてみよう．すべての相関が必要だろうか？　必要ではないだろう．さらに自問してほしい．そもそも相関が必要なのか？　必要ではないかもしれない．金融の解析において，そもそも必要なものを順に並べると，1 番目は μ の良い推定値，2 番目が分散（共分散行列の対角要素），そして 3 番目が共分散行列（この重要度は最も低い）となる．だから，$(1/2)(N-1)(N-2)$ 個の相関は無視して，他の重要な未知数に集中したほうがいいだろう．

6.6　共役事前分布

事前分布がベータ分布でデータが二項分布なら，事後分布はベータ分布だった．このことをモデル化すると以下のようになる．

$$\overbrace{\text{Beta}}^{\text{事前分布}} \cdot \overbrace{\text{Binomial}}^{\text{データ}} = \overbrace{\text{Beta}}^{\text{事後分布}}$$

ここで，Beta が両辺に出ているからといって，両辺を Beta で割ってはいけないことに注意しよう．これは方程式ではなくモデルなのだから．この性質は本当に有用だ．事後分布が閉形式で得られるので，MCMC を実行する必要がなくなり，推論と解析の導出も簡単になる．この近道は，ベイズバンディットアルゴリズムの核心部分だった．幸いにも，このような性質をもつ分布はたくさんある．

X はよく知られた分布からサンプリングされた（と信じられている）とする．この分布を f_α とする．ここで，α はおそらく f の未知パラメータである（f は正規分布や二項分布など）．ある特定の分布 f_α について，次のような形の事後分布 p_β が存在する．

$$\overbrace{p_\beta}^{\text{事前分布}} \cdot \overbrace{f_\alpha(X)}^{\text{データ}} = \overbrace{p_{\beta'}}^{\text{事後分布}}$$

ここで，p は事前分布と同じ分布であり，β' は，β とはまた別のパラメータである．この性質を満たす事前分布 p を「共役事前分布」（conjugate prior）と呼ぶ．先程述べたように，計算量的にこの性質は優れている．なぜなら，MCMC による近似推論などを必要とせずに，事後分布を直接計算することができるからだ．これはスゴいことだ！

ただ，残念ながらそううまくはいかない．共役事前分布にはいくつかの問題点がある．

- 共役事前分布は客観的ではない．そのため，主観的な事前分布が使われるときだけに有用である．とはいえ，共役事前分布が専門家の主観的な意見と一致するとは限らない．
- 共役事前分布が存在するのは，一般に単純で 1 次元の問題に限られる．問題が大きくなり複雑になると，共役事前分布を探しても無駄である．単純なモデルについては，Wikipedia（英語版）にその共役事前分布の表が載っている[10]．

実際のところ，共役事前分布は数学的には便利だという利点しかない（事前分布から事後分布がすぐに得られるので）．個人的な見解としては，共役事前分布は数学的トリックとしては魅力的だが，問題についての洞察はあまり得られない手法である．

6.7　Jeffreys 事前分布

以前に，客観的な事前分布が本当に客観的であることは少ない，と言った．ここで言いたかったのは，事後分布に偏りが生じないような事前分布がほしい，ということだ．

そこで，すべての値に等しく確率を割り当てる一様事前分布は妥当な選択に思える．

しかし，一様事前分布は変換に対して不変ではない．これはどういう意味だろう？ $\mathrm{Ber}(\theta)$ に従う確率変数 X があるとする．この事前分布を $p(\theta) = 1$ と定義する．これを図 6.17 に示す．

```
figsize(12.5, 5)

x = np.linspace(0.000, 1, 150)
y = np.linspace(1.0, 1.0, 150)
lines = plt.plot(x, y, color="#A60628", lw=3)
plt.fill_between(x, 0, y, alpha=0.2, color=lines[0].get_color())

plt.autoscale(tight=True)
plt.xlabel('Value')    # 値
plt.ylabel('Density')  # 密度
plt.ylim(0, 2)
```

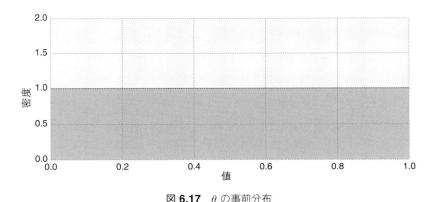

図 6.17　θ の事前分布

次に $\psi = \log\left(\dfrac{\theta}{1-\theta}\right)$ で θ を変換しよう．これは単に θ を引き伸ばすだけの変換である．この変換によって分布はどのようになるだろう？

```
figsize(12.5, 5)

psi = np.linspace(-10, 10, 150)
y = np.exp(psi) / (1 + np.exp(psi))**2
lines = plt.plot(psi, y, color="#A60628", lw=3)
plt.fill_between(psi, 0, y, alpha=0.2, color=lines[0].get_color())

plt.autoscale(tight=True)
plt.xlabel('Value')    # 値
```

```
plt.ylabel('Density')  # 密度
plt.ylim(0, 1)
```

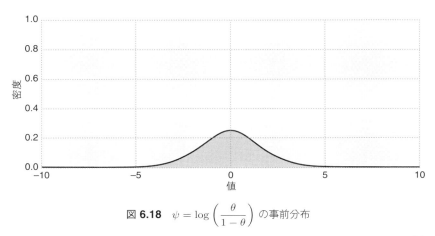

図 6.18 $\psi = \log\left(\dfrac{\theta}{1-\theta}\right)$ の事前分布

図 6.18 を見ればわかるように，この関数はもはや一様ではない！　つまり一様分布だったものが，情報を含んでいることもありうるのである．このようにもともと事前分布を定めた変数を変換した際に，思いがけず情報のある事前分布ができてしまうのを防ぐ方法として，Jeffreys 事前分布がある．しかし本書では，これ以上 Jeffreys 事前分布については説明しない．たくさんの文献があるのでそちらを参考にしてほしい．

6.8　N が大きくなったときの事前分布の影響

第 1 章で，観測データが増えるにつれて，事前分布は重要ではなくなっていく，と述べた．これは直感と一致している．事前分布はこれまでの情報に基づいているので，新しいデータが十分に手に入れば，その価値は低くなっていく．また，事前分布の影響を消してしまうほどのデータ量があるのが好ましい．もし事前分布が致命的に間違っていたら，データがそれを修正して，より間違いの少ない事後分布（最終的には正しい事後分布）が得られるからである．

これを数学的に見てみよう．まず，第 1 章のベイズの定理を思い出そう．これが事前分布と事後分布を結びつけていた．以下はオンラインフォーラムからの引用である．[1]

---

[1] 訳注：Macro, "What is the relationship between sample size and the influence of prior on posterior?." 13 Jun 2013. StackOverflow, Online Posting to Cross-Validated. Web. 25 Apr. 2013. http://stats.stackexchange.com/questions/30387/what-is-the-relationship-between-sample-size-and-the-influence-of-prior-on-poste

データ $\mathbf{X}$ が与えられたときのパラメータ θ の事後分布は次のように書ける.

$$p(\theta|\mathbf{X}) \propto \underbrace{p(\mathbf{X}|\theta)}_{\text{尤度}} \cdot \overbrace{p(\theta)}^{\text{事前分布}}$$

もしくは対数をとって，次のように書くのが一般的である.

$$\log(p(\theta|\mathbf{X})) = c + L(\theta; \mathbf{X}) + \log(p(\theta))$$

対数尤度 $L(\theta; \mathbf{X}) = \log(p(\mathbf{X}|\theta))$ はサンプルサイズに比例する．なぜなら，これはデータの関数だからだ．一方，事前分布はそうではない．そのためサンプルサイズが大きくなれば $L(\theta; \mathbf{X})$ の絶対値は大きくなるが，(θ の値を固定していれば) $\log(p(\theta))$ は固定されたままである．したがって，サンプルサイズが大きくなるにつれて，和 $L(\theta; \mathbf{X}) + \log(p(\theta))$ は $L(\theta; \mathbf{X})$ に大きく影響されるようになる．

このことから，興味深い（もしかするとあまり自明ではない）結論が導かれる．それは，サンプルサイズが増えるにつれて，事前分布の影響は小さくなるということである．すると，事前確率が 0 ではない範囲が同じであれば，選んだ事前分布によらず推論結果は同じものになる．

図 6.19 にこれを可視化した．二項分布のパラメータ θ の二つの事後分布を表示しており，一つは一様事前分布，もう一つはピークが 0 に近い事前分布を使っている．サンプルサイズが増えるにつれて，二つの事後分布は一致していく，つまり推論結果は収束していく．

```
figsize(12.5, 15)

p = 0.6
beta1_params = np.array([1., 1.])
beta2_params = np.array([2, 10])
beta = stats.beta

x = np.linspace(0.00, 1, 125)
data = pm.rbernoulli(p, size=500)

plt.figure()
for i, N in enumerate([0, 4, 8, 32, 64, 128, 500]):
    s = data[:N].sum()
    plt.subplot(8, 1, i + 1)
    params1 = beta1_params + np.array([s, N - s])
    params2 = beta2_params + np.array([s, N - s])
    y1, y2 = beta.pdf(x, *params1), beta.pdf(x, *params2)
```

6.8 N が大きくなったときの事前分布の影響

```
        plt.plot(x, y1, label="flat prior", lw=3)    # 一様分布
        plt.plot(x, y2, label="biased prior", lw=3)  # 偏った分布
        plt.fill_between(x, 0, y1, color="#348ABD", alpha=0.15)
        plt.fill_between(x, 0, y2, color="#A60628", alpha=0.15)
        plt.legend(title="N=%d" % N)
        plt.vlines(p, 0.0, 7.5, linestyles="--", linewidth=1)
        plt.xlabel('Value')    # 値
        plt.ylabel('Density')  # 密度

plt.suptitle("Convergence of posterior distributions "
             "(with different priors) as we observe "
             "more and more information")
```

なお，どんな事後分布もこれほど速く事前分布を「忘れてしまう」わけではない．この例は，最終的に事前分布が忘れられてしまうということを示しているにすぎない．ベイズ主義と頻度主義の推論結果が最終的に一致する理由は，データが多く得られるほど事前分布が「忘れられやすい」ということによる．

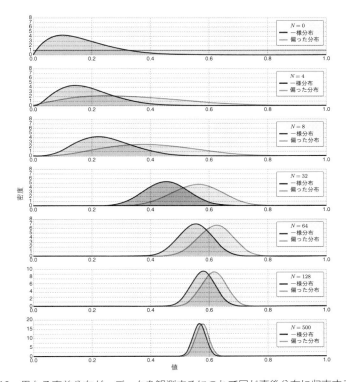

図 **6.19** 異なる事前分布が，データを観測するにつれて同じ事後分布に収束する様子

6.9 おわりに

本章では事前分布の使い方を再確認した．事前分布はモデルに組み込まれる要素であり，慎重に選ばなければならないものである．事前分布は，ベイズ推論のデメリットでもあり，メリットでもあると言われることが多い．デメリットは主観と意見に事前分布が左右されてしまうことであり，メリットはどんなデータに対しても柔軟にモデルを設計できることである．

主観的な事前分布についての論文は数百本もあり，この分野の研究はベイズ解析の応用を拡大してきた．実用においても，その重要性は過小評価されるべきではないだろう．本章が，適切な事前分布を選ぶための手助けとなることを願っている．

▶付録

罰則付き線形回帰のベイズ的な見方

罰則付き最小二乗回帰とベイズ事前分布には興味深い関係がある．罰則付き線形回帰とは，ある関数 f に対する，以下の最適化問題である．

$$\arg\min_{\beta} (Y - X\beta)^T (Y - X\beta) + f(\beta)$$

一般的に，f はノルム $||\cdot||_p^p$ である．$p=1$ の場合は LASSO モデルであり，係数ベクトル β の要素の絶対値をペナルティとして与える．$p=2$ の場合はリッジ回帰であり，係数ベクトル β の要素の二乗をペナルティとして与える．

最初に最小二乗線形回帰の確率的解釈を説明しよう．目的変数を Y，特徴が保存されているデータ行列を X とする．一般的な線形モデルは次の式である．

$$Y = X\beta + \epsilon$$

ここで，$\epsilon \sim \text{Normal}(\mathbf{0}, \sigma\mathbf{I})$ であり，$\mathbf{0}$ は要素が 0 のベクトル，$\mathbf{I}$ は単位行列である．同様に，観測 Y は X の線形関数（β は係数ベクトル）にノイズ項が加わったものである．推定されるべき未知数は β である．正規分布に従う確率変数の性質

$$\mu' + \text{Normal}(\mu, \sigma) \sim \text{Normal}(\mu' + \mu, \sigma)$$

を使って，線形モデルを次のように書き換える．

$$Y = X\beta + \text{Normal}(\mathbf{0}, \sigma\mathbf{I})$$
$$Y = \text{Normal}(X\beta, \sigma\mathbf{I})$$

確率的な定式化では，Y の確率分布を $f_Y(y \mid \beta)$ と書く．そして，正規分布の確率密

度関数は次のとおりとなる（[11] を参照）．

$$f_Y(Y \mid \beta, X) = \text{Likelihood}(\beta \mid X, Y) = \frac{1}{\sqrt{2\pi}\sigma} \exp\left(\frac{1}{2\sigma^2}(Y - X\beta)^T(Y - X\beta)\right)$$

これは β の尤度関数である．これの対数をとると

$$\ell(\beta) = K - c(Y - X\beta)^T(Y - X\beta)$$

となる．ここで，K と $c > 0$ は定数である．最尤推定は，これを β について最大化する．

$$\hat{\beta} = \arg\max_{\beta} \; -(Y - X\beta)^T(Y - X\beta)$$

まったく等価ではあるが，これの正負の符号を反転して最小化する．

$$\hat{\beta} = \arg\min_{\beta} \; (Y - X\beta)^T(Y - X\beta)$$

これが有名な最小二乗線形回帰である．したがって，線形最小二乗の解は，正規分布ノイズモデルを仮定した最尤推定の解と同じものである．次に，β に対して適切な事前分布を選択すると罰則付き線形回帰になることを示そう．

上の例では，尤度が与えられたら，β の事前分布を組み込んで事後分布を計算することができた．

$$P(\beta|Y, X) = \text{Likelihood}(\beta \mid X, Y)p(\beta)$$

ここで，$p(\beta)$ は β の要素についての事前分布である．以下で，いくつかの興味深い事前分布を見てみよう．

1. 事前分布を入れなければ，無情報事前分布 $P(\beta) \propto 1$ を使っていることになる．これはすべての値に同じ確率を割り当てる．
2. もし β の要素がそれほど大きくならないと信じているなら，次のように仮定できる．

$$\beta \sim \text{Normal}(\mathbf{0}, \lambda \mathbf{I})$$

この結果得られる β の事後確率密度関数は

$$\exp\left(\frac{1}{2\sigma^2}(Y - X\beta)^T(Y - X\beta)\right) \exp\left(\frac{1}{2\lambda^2}\beta^T\beta\right)$$

に比例し，これの対数をとり，定数を整理すると次の式が得られる．

$$\ell(\beta) \propto K - (Y - X\beta)^T(Y - X\beta) - \alpha\beta^T\beta$$

こうして最大化したい関数にたどり着いた（事後分布を最大化する解は MAP だった

ことを思い出そう）．

$$\hat{\beta} = \arg\max_{\beta} \ -(Y - X\beta)^T(Y - X\beta) - \alpha\,\beta^T\beta$$

これと等価ではあるが，符号の正負を反転して，$\beta^T\beta = ||\beta||_2^2$ と書き直すと，次式を得る．

$$\hat{\beta} = \arg\min_{\beta} \ (Y - X\beta)^T(Y - X\beta) + \alpha\,||\beta||_2^2$$

これはリッジ回帰の定式化である．したがって，正規分布ノイズモデルと β の正規事前分布を用いる線形モデルの MAP 解が，リッジ回帰に相当する．

3. 同様に，β の事前分布にラプラス分布を仮定すると

$$f_\beta(\beta) \propto \exp\left(-\lambda||\beta||_1\right)$$

となり，同じ手順を踏むと

$$\hat{\beta} = \arg\min_{\beta} \ (Y - X\beta)^T(Y - X\beta) + \alpha\,||\beta||_1$$

という LASSO 回帰が得られる．この等価性について補足をしておく．LASSO 正則化を用いた結果がスパースになるのは，0 の値に大きな確率を割り当てるラプラス事前分布の結果ではない．実際にはその反対である．これは，L_1 ノルム $||\cdot||_1$ と，β にスパース性を促す MAP の組み合わせなのである[◆1]．ただし，ラプラス事前分布は係数が 0 に縮小するのを促してはいる．興味深い議論は [12] を参照してほしい．

ベイズ線形回帰の例としては，金融の例を扱った第 5 章を参照してほしい．

事前確率が 0 の場合

パラメータのある値に 0 ではない事前確率を割り当てている限り，事後分布はある程度の確率をもつことができる．それでは，真の値が実際に存在する範囲の事前確率を 0 にした場合，何が起こるのだろう？　これを確かめるために，簡単な実験をしてみよう．観測データがベルヌーイ分布に従うとして，p の値（成功の確率）を推定したい．

```
p_actual = 0.35
x = np.random.binomial(1, p_actual, size=100)
print(x[:10])
```

[◆1] 訳注：Cameron Davidson-Pilon, "Least Squares Regression with L1 Penalty." Jul 31, 2012. Online Posting to DATA Origami. Web. https://dataorigami.net/blogs/napkin-folding/79033923-least-squares-regression-with-l1-penalty

```
[Output]:

[0 0 0 0 1 0 0 0 1 1]
```

ここでは p の事前分布に適さない Uniform$(0.5, 1)$ を使ってみよう．これでは，真の値である 0.35 に確率 0 を割り当てることになる．推論結果はどうなるだろうか．

```
import pymc as pm

p = pm.Uniform('p', 0.5, 1)
obs = pm.Bernoulli('obs', p, value=x, observed=True)

mcmc = pm.MCMC([p, obs])
mcmc.sample(10000, 2000)
```

```
[Output]:

 [-----------------100%-----------------] 10000 of 10000 complete in 0.7 sec
```

```
figsize(12.5, 4)

p_trace = mcmc.trace('p')[:]

plt.xlabel('Value')    # 値
plt.ylabel('Density')  # 密度
plt.hist(p_trace, bins=30, histtype='stepfilled', normed=True)
```

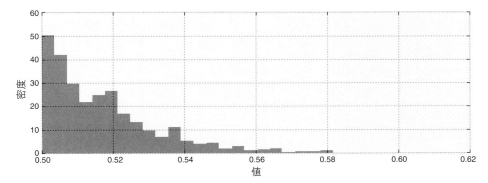

図 **6.20**　一様事前分布 $(0.5, 1)$ を用いた場合の未知数 p の事後分布

図 6.20 を見ると，事後分布は事前分布の下限である 0.5 に非常に偏っていることがわかる．これは真の値が 0.5 以下だろうということを示している．このような事後分布の振る舞いを見ることで，事前分布が適切だったかどうかを判断することができる．

▶ 文献

[1] Gelman, Andrew and Cosma Rohilla Shalizi. "Philosophy and the Practice of Bayesian Statistics," *British Journal of Mathematical and Statistical Psychology* 66 (2013): 8–38.

[2] Gelman, Andrew. "Prior Distributions for Variance Parameters in Hierarchical Models," *Bayesian Analysis* 1, no. 3 (2006): 515–34.

[3] Scott, Steven L. "A Modern Bayesian Look at the Multi-Armed Bandit," *Applied Stochastic Models in Business and Industry* 26 (2010): 639–58.

[4] Kuleshov, Volodymyr, and Doina Precup. "Algorithms for the Multi-Armed Bandit Problem," *Journal of Machine Learning Research* 1 (2000): 1–48.

[5] Neufeld, James. "Reddit's 'Best' Comment Scoring Algorithm as a Multi-Armed Bandit Task," Simple ML Hacks, posted April 9, 2013, accessed April 25, 2013, http://simplemlhacks.blogspot.com/2013/04/reddits-best-comment-scoring-algorithm.html.

[6] Oakley, Jeremy E., Alireza Daneshkhah, and Anthony O'Hagan. "Nonparametric Elicitation Using the Roulette Method," unpublished paper, accessed June 2, 2015, http://www.tonyohagan.co.uk/academic/pdf/elic-roulette.pdf.

[7] "Eliciting Priors from Experts," Cross Validated, accessed May 1, 2013, http://stats.stackexchange.com/questions/1/eliciting-priors-from-experts.

[8] Oakley, Jeremy E. "Eliciting Univariate Probability Distributions," unpublished paper, last modified September 10, 2010, accessed November 29, 2014, http://www.jeremy-oakley.staff.shef.ac.uk/Oakley_elicitation.pdf.

[9] Taleb, Nassim Nicholas. *The Black Swan: The Impact of the Highly Improbable*. New York: Random House, 2007．（邦訳）ナシーム・ニコラス・タレブ 著，望月衛 訳，『ブラック・スワン：不確実性とリスクの本質 上・下』，ダイヤモンド社，2009．

[10] "Conjugate Prior," Wikipedia, The Free Encyclopedia, last modified June 6, 2015, 10:23 PM EST, accessed June 10, 2015, https://en.wikipedia.org/wiki/Conjugate_prior.

[11] "Normal Distribution," Wikipedia, The Free Encyclopedia, last modified June 1, 2015, 12:38 AM EST, accessed June 10, 2015, https://en.wikipedia.org/wiki/Normal_distribution.

[12] Starck, J.-L., D. L. Donoho, M. J. Fadili, and A. Rassat. "Sparsity and the Bayesian Perspective," *Astronomy and Astrophysics* (February 18, 2013).

7

ベイズA/Bテスト
Bayesian A/B Testing

7.1 はじめに

統計学者やデータサイエンティストの目標の一つは，適切な実験を実行できるようになることだ．入念に設計されたスプリットテストは，そうした実験のなかでも最も有用なものの一つである．スプリットテストはすでに第2章で見ている．ウェブサイトのコンバージョン率に対するA/Bテストをベイズ手法で解析した．この章ではそれを新しい分野に拡張する．

7.2 コンバージョンテストの復習

A/Bテストの基本的な考え方はこうだ．次のような非現実的な状況を想定する．まったく同一の二つの患者グループがあり，それぞれ異なる治療を受ける．治療の後のグループ間の差異はすべて治療の効果とみなされる．実際にはまったく同一のグループを二つ用意することはできないので，「近似的に同一」の二つのグループを設定して，大量のサンプルを集めることになる．

第2章の実験を思い出そう．ウェブサイトのデザインが二つあり，AとBと呼ぶ．ユーザーがサイトにやってくると，AかBをランダムに表示して，それを記録する．十分な数の訪問者に対してこれを行い，得られたデータについて計算したい指標（ウェブサイトの場合，購入数や登録数など）を求める．たとえば，以下のようなデータが得られたとする．

```
visitors_to_A = 1300
```

```
visitors_to_B = 1275

conversions_from_A = 120
conversions_from_B = 125
```

本当に知りたいのは，AとBのコンバージョンの確率である．ビジネスとしてはこの確率をできる限り高くしたい．つまり，ゴールはAとBのどちらのコンバージョンの確率が高いかを決めることである．

そのために，AとBのコンバージョンの確率をモデリングしよう．確率をモデリングしているので，ベータ分布を事前分布にするのがいいだろう（なぜなら，値が0から1までに制限されていて，これは確率がとる範囲と同じだからだ）．訪問者数とコンバージョンのデータは二項分布に従うとする．つまり，サイトAでは1,300回中120回の「成功」と考えるわけである．第6章を思い出してほしい．ベータ事前分布と二項分布の観測は共役関係にあった．だからこうするとMCMCを実行しなくていいのだ！

もし事前分布が$\text{Beta}(\alpha_0, \beta_0)$で$N$回中$X$回の成功を観測したら，事後分布は$\text{Beta}(\alpha_0 + X, \beta_0 + N - X)$となる．SciPyの組み込み関数である beta を使えば，事後分布から直接サンプリングできる．

事前分布を$\text{Beta}(1,1)$と仮定しよう．これは$[0,1]$の一様分布だったことを思い出してほしい．

```
from scipy.stats import beta
alpha_prior = 1
beta_prior = 1

posterior_A = beta(alpha_prior + conversions_from_A,
                   beta_prior + visitors_to_A - conversions_from_A)
posterior_B = beta(alpha_prior + conversions_from_B,
                   beta_prior + visitors_to_B - conversions_from_B)
```

次に，コンバージョンの確率はどちらのグループが高いのかを決めたい．このために，MCMCと同様に，事後分布からサンプリングして，Aの事後分布のサンプルがBの事後分布からのサンプルよりも大きくなる確率を比較する．ここでは rvs メソッドを使ってサンプリングする．

```
samples = 20000  # サンプル数を大きくして近似精度を上げたい．
samples_posterior_A = posterior_A.rvs(samples)
samples_posterior_B = posterior_B.rvs(samples)

print((samples_posterior_A > samples_posterior_B).mean())
```

```
[Output]:
0.31355
```

つまり，サイト A がサイト B よりもコンバージョンが高い確率は 31% である（逆に，サイト B がサイト A よりもコンバージョンが高い確率は 69% になる）．これはそれほど有意ではない．もう一度同じページで同じ実験を繰り返せば，もしかすると確率は 50% に近づくかもしれない．

pdf メソッドを使えば，ヒストグラムを使わずに，この事後確率を可視化することができる．図 7.1 にサイト A と B のコンバージョン率の事後分布を示す．

```
from IPython.core.pylabtools import figsize
import numpy as np
from matplotlib import pyplot as plt
%matplotlib inline
figsize(12.5, 4)

x = np.linspace(0, 1, 500)
plt.plot(x, posterior_A.pdf(x), label='posterior of A')  # A の事後分布
plt.plot(x, posterior_B.pdf(x), label='posterior of B')  # B の事後分布

plt.xlabel('Value')    # 値
plt.ylabel('Density')  # 密度
plt.title("Posterior distributions of the conversion rates "
          "of Web pages $A$ and $B$")
plt.legend()
```

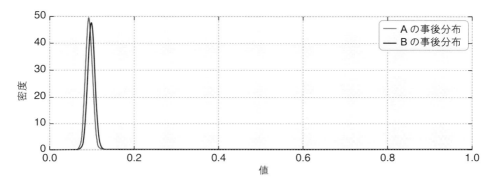

図 7.1　ウェブサイト A と B のコンバージョン率の事後分布

図 7.2 はこれを拡大したものだ．

```
plt.plot(x, posterior_A.pdf(x), label='posterior of A')   # A の事後分布
plt.plot(x, posterior_B.pdf(x), label='posterior of B')   # B の事後分布

plt.xlim(0.05, 0.15)
plt.xlabel('Value')      # 値
plt.ylabel('Density')    # 密度
plt.title("Zoomed-in posterior distributions of "
          "the conversion rates of Web pages $A$ and $B$")
plt.legend()
```

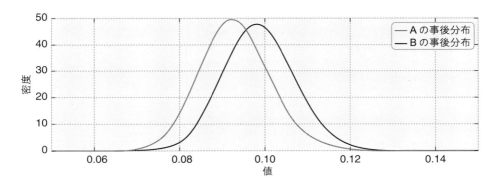

図 7.2　ウェブサイト A と B のコンバージョン率の事後分布の拡大図

コンバージョンテストは簡単なので一般的に行われている．選択肢は二つで，解析は単純である．では，ユーザーがとりうる選択が複数あり，それぞれの選択によってビジネスに影響が出るような場合はどうなるだろう？ 次はこれを考えてみよう．

7.3　線形損失関数の追加

　ネット企業でよくあるのは，自社サービスへの登録者数を増やし，それに加えてユーザーが選択する契約プランも最適化するという目標だろう．たとえば，新規ユーザーに対して提示するプランが複数あれば，価格の高いプランのほうを選択させるのが望ましいだろう．

　ここでは，ユーザーに契約プランのページを 2 通り提示して，提示 1 回あたりの期待収益を決定することを考えよう．以前の A/B テストではユーザーが登録したかどうかだけを解析したが，今回は得られる期待収益を知ることが目標となる．

7.3.1 期待収益の解析

とりあえず A/B テストのことは忘れて，一つの契約プランページの解析を考えよう．もしこの世界のことがすべてわかるとしたら，この契約プランの期待値を求めることができるだろう．

$$E[R] = 79\,p_{79} + 49\,p_{49} + 25\,p_{25} + 0\,p_0 \tag{7.1}$$

ここで，p_{79} は 79 ドルのプランを選択する確率であり，他も同様である．p_0 はユーザーがどのプランも選ばなかった確率である．これらの確率の和は 1 になる．

$$p_{79} + p_{49} + p_{25} + p_0 = 1$$

次のステップはこれらの確率を推定することだ．ここではベータ分布と二項分布を使って確率をモデリングすることはできない．個々の確率は独立ではなく，足して 1 という制約があるためである．たとえば p_{79} が大きくなれば他の確率は小さくなる．これらの確率をまとめてモデリングする必要がある．

二項分布を一般化したものが多項分布（multinomial distribution）である．PyMC にも NumPy にも多項分布が実装されているが，ここでは NumPy のものを使う．以下のコードでは，各ユーザーがそれぞれのプランを選択する確率を並べた確率ベクトル P を定義している．この P は，次元を 2 に（要素の和を 1 に保ったままで）すれば，二項分布の確率変数となる．

```
from numpy.random import multinomial
P = [0.5, 0.2, 0.3]
N = 1
print(multinomial(N, P))
```

```
[Output]:

[1 0 0]
```

```
N = 10
print(multinomial(N, P))
```

```
[Output]:

[4 3 3]
```

ここでの契約プランのページでは，観測は多項分布に従う．ただし確率ベクトル P の

値はわからない．

ベータ分布にも一般化した分布がある．それはディリクレ分布（Dirichlet distribution）である．これは足して1になる正の値のベクトルを返す．この出力ベクトルの長さは，入力ベクトルの長さで決まる．この入力ベクトルの値は，事前分布のパラメータに似ている．

```
from numpy.random import dirichlet
sample = dirichlet([1, 1])  # これは Beta(1,1) と同じ．
print(sample)
print(sample.sum())
```

```
[Output]:

[ 0.3591  0.6409]
1.0
```

```
sample = dirichlet([1, 1, 1, 1])
print(sample)
print(sample.sum())
```

```
[Output]:

[  1.5935e-01   6.1971e-01   2.2033e-01   6.0750e-04]
1.0
```

都合のよいことに，ディリクレ分布と多項分布の関係は，ベータ分布と二項分布の関係に似ている．ディリクレ分布は多項分布の共役事前分布なのだ！ これは，ここで求めたい確率の事後分布を数式で表せるということを意味する．ここでの事前分布はDirichlet$(1, 1, \ldots, 1)$，観測は $N_1, N_2, \ldots, N_m$ なので，事後分布は次のようになる．

$$\text{Dirichlet}(1 + N_1, 1 + N_2, \ldots, 1 + N_m)$$

この事後分布からのサンプルは足して1になるため，それを，式 (7.1) の期待値計算に用いることができる．それではいくつかのサンプルを計算してみよう．1,000人の訪問者があったとして，以下のような登録を観測したとする．

```
N = 1000
N_79 = 10
N_49 = 46
N_25 = 80
```

7.3 線形損失関数の追加

```
N_0 = N - (N_79 + N_49 + N_25)

observations = np.array([N_79, N_49, N_25, N_0])

prior_parameters = np.array([1, 1, 1, 1])
posterior_samples = dirichlet(prior_parameters + observations,
                              size=10000)

# 事後分布から 2 回サンプリングする.
print("Two random samples from the posterior:")
print(posterior_samples[0])
print(posterior_samples[1])
```

```
[Output]:

Two random samples from the posterior:
[ 0.0165   0.0497   0.0638   0.8701]
[ 0.0123   0.0404   0.0694   0.878 ]
```

この事後分布の確率密度関数をプロットすることもできる.

```
for i, label in enumerate(['p_79', 'p_49', 'p_25', 'p_0']):
    plt.hist(posterior_samples[:, i], bins=50,
             label=label, histtype='stepfilled')

plt.xlabel('Value')       # 値
plt.ylabel('Density')     # 密度
plt.title("Posterior distributions of the probability "
          "of selecting different prices")
plt.legend()
```

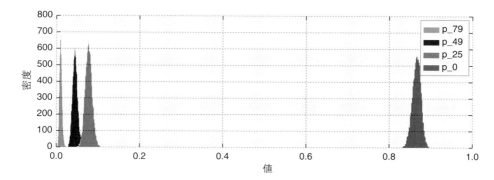

図 7.3 異なる価格の契約プランを選択する確率の事後分布

図 7.3 を見ればわかるように，確率の値には不確実さがあるので，期待値にも不確実さがある．しかしそれは問題ない．ここで求めるのは，期待値の事後分布だからだ．そのために，ディリクレ事後分布から得られた各サンプルを，以下の expected_revenue 関数に渡す．

```python
def expected_revenue(P):
    return 79 * P[:, 0] + 49 * P[:, 1] + 25 * P[:, 2] + 0 * P[:, 3]

posterior_expected_revenue = expected_revenue(posterior_samples)
plt.hist(posterior_expected_revenue, histtype='stepfilled',
         bins=50, label='expected revenue')  # 期待収益

plt.xlabel('Value')      # 値
plt.ylabel('Density')    # 密度
plt.title("Posterior distributions of the expected revenue")
plt.legend()
```

これは損失関数を使ったアプローチに似ているように見えるだろう．本質的には同じことをしているので当然だ．つまり，パラメータを推定して損失関数に渡し，現実世界と関連づけているのである．

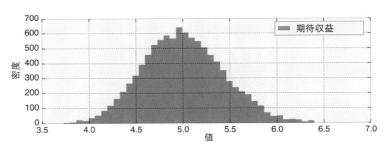

図 **7.4** 期待収益の事後分布

図 7.4 を見ると，期待収益は 4 ドルから 6 ドルの間にあり，その範囲から外に出ることはなさそうである．

7.3.2 A/B テストへと拡張する

ではこの解析を，二つの契約プランのページ A と B に対する解析へと拡張しよう．そのために以下のデータを用意する．

```
N_A = 1000
N_A_79 = 10
```

7.3 線形損失関数の追加 | 229

```
N_A_49 = 46
N_A_25 = 80
N_A_0 = N_A - (N_A_79 + N_A_49 + N_A_25)
observations_A = np.array([N_A_79, N_A_49, N_A_25, N_A_0])

N_B = 2000
N_B_79 = 45
N_B_49 = 84
N_B_25 = 200
N_B_0 = N_B - (N_B_79 + N_B_49 + N_B_25)
observations_B = np.array([N_B_79, N_B_49, N_B_25, N_B_0])

prior_parameters = np.array([1, 1, 1, 1])

posterior_samples_A = dirichlet(prior_parameters + observations_A,
                                size=10000)
posterior_samples_B = dirichlet(prior_parameters + observations_B,
                                size=10000)

posterior_expected_revenue_A = expected_revenue(posterior_samples_A)
posterior_expected_revenue_B = expected_revenue(posterior_samples_B)

plt.hist(posterior_expected_revenue_A, histtype='stepfilled',
         label='expected revenue of A',   # Aの期待収益
         bins=50)
plt.hist(posterior_expected_revenue_B, histtype='stepfilled',
         label='expected revenue of B',   # Bの期待収益
         bins=50, alpha=0.8)

plt.xlabel('Value')    # 値
plt.ylabel('Density')  # 密度
plt.legend()
plt.title("Posterior distribution of the expected revenue "
          "between pages $A$ and $B$")
plt.legend()
```

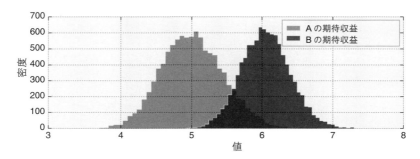

図 7.5　サイト A と B の期待収益の事後分布

図 7.5 では，二つの事後分布は結構離れている．つまり，二つのサイトのパフォーマンスには有意に差があることになる．サイト A の期待収益はサイト B の期待収益よりも 1 ドル少ない（これはそれほど大きな差のように思えないかもしれないが，「ページビューごと」の数値なので，実際に収益の差は非常に大きい）．この差異が存在することを確かめるため，上記のコンバージョン解析と同様に，サイト B の収益がサイト A の収益よりも大きい確率を見てみよう．

```
p = (posterior_expected_revenue_B > \
    posterior_expected_revenue_A).mean()

# B の収益が A よりも大きい確率は？
print("Probability that page B has "
    "a higher revenue than page A: %.3f" % p)
```

```
[Output]:

Probability that page B has a higher revenue than page A: 0.965
```

得られた 96% という確率は，有意に大きい．したがって，今後は契約プランのウェブサイトとしては B を採用するべきだろう．

もう一つ興味深いプロットをしてみよう．それは図 7.6 に示すサイト間の収益の差の事後分布だ．ベイズ推論をしているので，この図の作成には追加の手間はかからない．期待収益の事後分布の差をヒストグラムにするだけである．

```
posterior_diff = posterior_expected_revenue_B - \
                 posterior_expected_revenue_A
plt.hist(posterior_diff, histtype='stepfilled',
         color='#7A68A6', bins=50,
```

```
              label='difference in revenue between B and A')  # A と B の
                                                              # 収益差
plt.vlines(0, 0, 700, linestyles='--')
plt.xlabel('Value')  # 値
plt.ylabel('Density')  # 密度
plt.title("Posterior distribution of the delta "
          "between expected revenues of pages $A$ and $B$")
plt.legend()
```

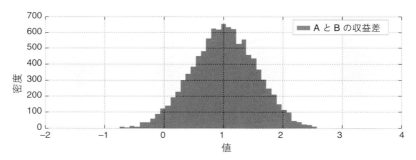

図 **7.6** サイト A と B の期待収益の差の事後分布

この事後分布を見ると，50%の確率で差が1ドル以上あり，もしかすると2ドルはあるということがわかる．また，仮にサイト B を採用するという結論が間違っていたとしても（その可能性もある），損失はそれほど大きくないこともわかる．事後分布は -0.5 ドルくらいまでしか左側に伸びていないからである．

7.4 コンバージョン以上の情報を得るために：t 検定

統計の授業で教えられている最も有名な検定は t 検定（t-test）だろう．伝統的な t 検定は頻度主義の手法であり，サンプル平均が事前に指定された値からずれているかどうかを判定する．この t 検定にはベイズ主義のバージョンがあり，ここでは John K. Kruschke のものを紹介する．このモデルは BEST（Bayesian estimation supersedes the t-test，ベイズ推定による t 検定）と呼ばれている．Kruschke の原論文[1] は容易に入手できるので，ぜひ読んでほしい．

7.4.1 t 検定の手順

A/B テストの設定と同じように，あるユーザーがテストページにどれくらいとどまっているかを示す滞在時間データがあるとする．このデータは二値ではなく，連続値であ

る．たとえば，以下のコードのように人工的にデータを生成する．

```
N = 250
mu_A, std_A = 30, 4
mu_B, std_B = 26, 7

# ユーザーのページ滞在時間（秒）の作成
durations_A = np.random.normal(mu_A, std_A, size=N)
durations_B = np.random.normal(mu_B, std_B, size=N)
```

実世界では，上記のコードの mu, std のようなパラメータはもちろん未知であり，出力しかわからないということを心にとどめておこう．

```
print(durations_A[:8])
print(durations_B[:8])
```

```
[Output]:

[34.2695  28.4035  22.5516  34.1591  31.1951  27.9881  30.0798  30.6869]
[36.1196  19.1633  32.6542  19.7711  27.5813  34.4942  34.1319  25.6773]
```

ここでのタスクは，サイト A とサイト B のどちらでユーザーの滞在時間が長いのかを決定することである．このモデルには五つの未知パラメータがある．二つの平均値（μ），標準偏差（σ），そして t 検定の特有のパラメータの ν（ニューと読む）である．このパラメータ ν は，データ中に外れ値をどのくらい観測しやすいかを表す．BEST モデルでは，これらの未知数に対する事前分布は以下のようなものである．

1. μ_A と μ_B の事前分布は正規分布とする．その平均は A と B のデータの平均，標準偏差はデータの標準偏差の 1,000 倍にする（このため分布は非常に広くなり，実質的に無情報事前分布になる）．

    ```
    import pymc as pm

    pooled_mean = np.r_[durations_A, durations_B].mean()
    pooled_std = np.r_[durations_A, durations_B].std()

    # PyMC では標準偏差ではなく精度を使う．
    tau = 1. / np.sqrt(1000. * pooled_std)

    mu_A = pm.Normal("mu_A", pooled_mean, tau)
    mu_B = pm.Normal("mu_B", pooled_mean, tau)
    ```

2. σ_A と σ_B の事前分布は一様分布とする．その範囲は，データの標準偏差の $1/1{,}000$ 倍から $1{,}000$ 倍までとする（これまた広い分布だ）．

```
std_A = pm.Uniform("std_A", pooled_std / 1000.,
                   1000. * pooled_std)
std_B = pm.Uniform("std_B", pooled_std / 1000.,
                   1000. * pooled_std)
```

3. ν は，右に 1 だけシフトした指数分布（パラメータは 29 とする）に従うとする．これが選ばれた理由については [1] の付録を参照してほしい．BEST では，ν は二つのグループで共有されている．これは図 7.7 を見ればわかるだろう．

```
nu_minus_1 = pm.Exponential("nu-1", 1. / 29)
```

図 7.7 にモデルの全体像[2] を示す．

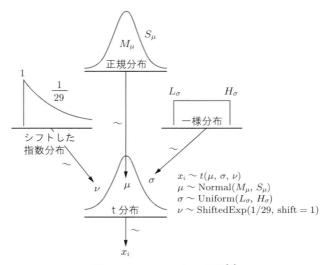

図 7.7 BEST モデルの図解[2]

それでは，これらのコードを集めてモデルを構築しよう．

```
obs_A = pm.NoncentralT("obs_A", mu_A,
                       1.0 / std_A**2, nu_minus_1 + 1,
                       observed=True, value=durations_A)
obs_B = pm.NoncentralT("obs_B", mu_B,
                       1.0 / std_B**2, nu_minus_1 + 1,
                       observed=True, value=durations_B)
```

```
mcmc = pm.MCMC([obs_A, obs_B,
                mu_A, mu_B, std_A, std_B, nu_minus_1])
mcmc.sample(25000, 10000)
```

```
[Output]:

[-----------------100%-----------------] 25000 of 25000 complete in 16.6 sec
```

```
mu_A_trace = mcmc.trace('mu_A')[:]
mu_B_trace = mcmc.trace('mu_B')[:]
std_A_trace = mcmc.trace('std_A')[:]
std_B_trace = mcmc.trace('std_B')[:]
nu_trace = mcmc.trace("nu-1")[:] + 1

figsize(12, 8)


def _hist(data, label, **kwargs):
    return plt.hist(data, bins=40, histtype='stepfilled',
                    alpha=.95, label=label, **kwargs)

ax = plt.subplot(3, 1, 1)
_hist(mu_A_trace, 'A')
_hist(mu_B_trace, 'B')
plt.legend()
plt.xlabel('Value')      # 値
plt.ylabel('Density')    # 密度
plt.title('Posterior distributions of $\mu$')  # mu の事後分布

ax = plt.subplot(3, 1, 2)
_hist(std_A_trace, 'A')
_hist(std_B_trace, 'B')
plt.legend()
plt.xlabel('Value')      # 値
plt.ylabel('Density')    # 密度
plt.title('Posterior distributions of $\sigma$')  # sigma の事後分布

ax = plt.subplot(3, 1, 3)
_hist(nu_trace, '', color='#7A68A6')
plt.title(r'Posterior distribution of $\nu$')  # nu の事後分布
plt.xlabel('Value')      # 値
plt.ylabel('Density')    # 密度
plt.tight_layout()
```

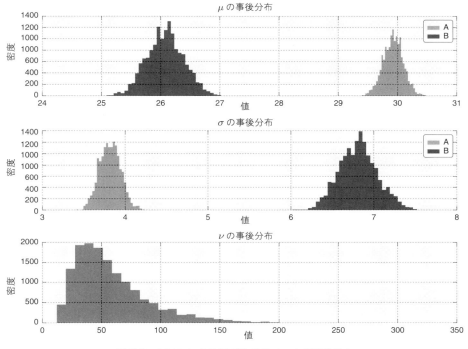

図 7.8 BEST によるモデルパラメータの事後分布

図 7.8 を見れば，二つのグループに明らかな差があることがわかるだろう（データをそのようにつくったのだから当然だ）．上段は μ_1 と μ_2 の事後分布のプロット，中段は σ_1 と σ_2 のプロットである．サイト A の平均滞在時間の平均は長く，標準偏差は短い．さらにこれらの事後分布から，グループ間の差，効果量などの値を計算することができる．

BEST モデルの良い点は，既存の関数を少し修正するだけで事前分布を導入できることである．

7.5 増加量の推定

A/B テストの結果を見た上司（＝意思決定者）は，施策を変更することによりどれくらい利益が増えるのかを知りたがるだろう．しかしこれは間違っている．二値問題と連続問題を取り違えているのだ．連続問題は，あるものが別のものよりも「どれくらい良いのか」を測る（答えは連続的な値）のに対し，二値問題は，あるものと別のものの「どちらが良いのか」を測る（答えは二つの値のどちらか）．困ったことに，連続問題を解く

ために必要な観測データ数は，二値問題よりも非常に多くなる．しかし上司は，二値問題を使って連続問題を解こうとしてしまう．実際，多くのメジャーな統計的検定は，前節で行ったような二値問題にしか使えない．

それにもかかわらず，上司は両方の問題に答えを要求するかもしれない．それでは最初に，まずいやり方を見てみよう．これまで議論してきた手法で 2 グループのコンバージョン率を推定しているとする．上司が知りたい結果の相対的な増加量はリフト値（lift）と呼ばれる．一つの方法は，単純に両方の事後分布平均を使って相対的な増加量を求めることである．

$$\frac{\hat{p}_A - \hat{p}_B}{\hat{p}_B}$$

しかしこの方法は深刻な問題を引き起こす．p_A と p_B の真の値の不確実さについてのすべての情報がまったく消えてしまっているのである．上記の式でリフト値を求めると，これらの値が厳密にわかったと仮定したことになる．この式は多くの場合（とくに p_A と p_B が 0 に近いときには），とんでもなく大きい値を推定することになる．これが理由で，「1 回の A/B テストでコンバージョン率が 336％もアップ！」[3] などという意味不明なニュースを見かけることになる（これは本当にあった記事の見出しである…）．

つまり，不確実さは保有しておかねばならない．統計学とは結局のところ，不確実さをモデリングするためのものなのだから，そのためには，事後分布を関数に渡して，新しい事後分布を出力させることになる．これを A/B テストに適用しよう．まず事後分布を図 7.9 に示す．

```
figsize(12, 4)

visitors_to_A = 1275
visitors_to_B = 1300

conversions_from_A = 22
conversions_from_B = 12

alpha_prior = 1
beta_prior = 1

posterior_A = beta(alpha_prior + conversions_from_A,
                   beta_prior + visitors_to_A - conversions_from_A)
posterior_B = beta(alpha_prior + conversions_from_B,
                   beta_prior + visitors_to_B - conversions_from_B)

samples = 20000
samples_posterior_A = posterior_A.rvs(samples)
```

7.5 増加量の推定

```
samples_posterior_B = posterior_B.rvs(samples)

_hist(samples_posterior_A, 'A')
_hist(samples_posterior_B, 'B')
plt.xlabel('Value')     # 値
plt.ylabel('Density')   # 密度
plt.title("Posterior distributions of the conversion rates "
          "of Web pages $A$ and $B$")
plt.legend()
```

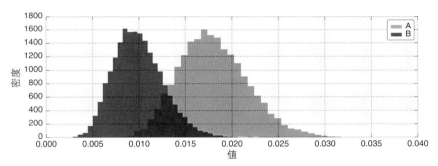

図 7.9　サイト A と B のコンバージョン率の事後分布

この事後分布を関数に引き渡して，ペアごとに相対的な増加量を計算する．そうして出力した事後分布を図 7.10 に示す．

```
def relative_increase(a, b):
    return (a - b) / b

posterior_rel_increase = relative_increase(samples_posterior_A,
                                           samples_posterior_B)
plt.xlabel('Value')   # 値
plt.ylabel('Density') # 密度
plt.title("Posterior distribution of the relative lift of "
          "Web page $A$'s conversion rate over "
          "Web page $B$'s conversion rate")
_hist(posterior_rel_increase, 'relative increase', color='#7A68A6')
```

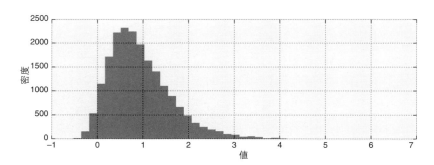

図 7.10 サイト A のコンバージョン率に対するサイト B のコンバージョン率のリフト値の事後分布

図 7.10 を詳しく調べるために，次のコードを実行する．すると，89%の確率で相対増加量が 20%以上あり，72%の確率で相対増加量が 50%以上あることがわかる．

```
print((posterior_rel_increase > 0.2).mean())
print((posterior_rel_increase > 0.5).mean())
```

```
[Output]:

0.89275
0.72155
```

もし単純な点推定をしていたら，次の結果が得られていただろう．

$$\hat{p}_A = \frac{22}{1275} = 0.017$$

$$\hat{p}_B = \frac{12}{1300} = 0.009$$

この推定値から相対増加量は 87%と推定される．これは大きすぎる値だろう．

7.5.1 それでも点推定が必要なときは

以前にも述べたように，得られた事後分布をそのまま相手に渡すのはいただけない（とくに一つの数字がほしいという上司に対しては）．ではどうしたらいいだろう？ 私の意見は以下の三つである．

1. 相対増加量の事後分布の平均を渡す．実際には私はこの方法は好きではない．図 7.10 を見ると，分布は正の方向に長く伸びたロングテールの形をしている．これは分布が歪んでいることを意味している．平均などの要約統計量は，歪んだ分布のロングテー

7.5 増加量の推定　239

ルに大きく影響されてしまうため，真の相対増加量を大きく見積もってしまうだろう．
2. 相対増加量の事後分布の中央値を返す．平均についての議論での問題点は，中央値を使うと解決する．中央値は歪んだ分布に対してもロバストである．ただし実際には，中央値も大きく影響を受けることは多い．
3. 相対増加量の事後分布の 50%以下のパーセンタイルを返す（たとえば，30 パーセンタイルを返す）．これの良い点は二つある．一つ目は，数学的には損失関数と同じ効果をもつことである．つまり相対増加量の事後分布に対して，過小評価よりも過大評価にペナルティを与えるようになり，推定値はより慎重な値になる．二つ目は，実験でより多くのデータを得るにつれて，相対増加量の事後分布の幅が狭くなることである．そのため，どのパーセンタイルを選んでも同じ値に収束していく．

図 7.11 にこれらの三つの統計量をプロットした．

```
mean = posterior_rel_increase.mean()
median = np.percentile(posterior_rel_increase, 50)
conservative_percentile = np.percentile(posterior_rel_increase, 30)

_hist(posterior_rel_increase, '', color='#7A68A6')

plt.vlines(mean, 0, 2500,
           linestyles='-.', label='mean')  # 平均
plt.vlines(median, 0, 2500,
           linestyles=':', label='median', lw=3)  # 中央値
plt.vlines(conservative_percentile,
           0, 2500, linestyles='--',
           label='30th percentile')  # 30 パーセンタイル

plt.xlabel('Value')      # 値
plt.ylabel('Density')    # 密度
plt.title("Different summary statistics of "
          "the posterior distribution of the relative increase")
plt.legend()
```

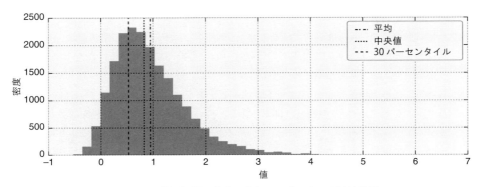

図 7.11　相対増加量の事後分布と，いくつかの要約統計量

7.6　おわりに

本章ではベイズ A/B テストがどんなものなのかを説明した．ベイズ A/B テストが普通の A/B テストに比べて優れている点は二つある．

1. 確率的に解釈できる：ベイズ解析では，「間違っている確率はいくらか？」という質問に直接答えることができる．頻度主義の枠組みでは，これに答えることはできない．
2. 損失関数を簡単に適用できる：第 5 章で見たように損失関数は，抽象的なモデルである確率分布を，現実世界の問題に結びつける．本章では，線形損失関数を適用してページビューの期待収益を決定し，他の損失関数で適切な点推定を決定した．

他の応用と同様に，他の手法よりもベイズ推論は柔軟で解釈も容易である．モデルがもっと複雑になっても，計算量はそれほど増えることはない．ベイズ A/B テストが従来の A/B テストよりも主流になる日は近いと私は予想している．

▶ 文献

[1] Kruschke, John K. "Bayesian Estimation Supersedes the *t* test," *Journal of Experimental Psychology: General,* 142, no. 2 (2013): 573–603.
[2] Graphical representation of the BEST model by Rasmus Bååth, licensed under CC BY 4.0. http://www.sumsar.net/blog/2014/02/bayesian-first-aid-one-sample-t-test/.
[3] Sparks, Dustin. "How a Single A/B Test Increased Conversions by 336% [Case Study]," unbounce.com, accessed June 2, 2015, http://unbounce.com/a-b-testing/how-a-single-a-b-test-increased-conversions/.

用語集

95%信用区間（95% credible interval）…… 事後分布の 95%を含む区間.

95%信用下限（95% least plausible value）…… 95%信用区間の下限.

t 検定（t-test）…… サンプル平均が決められた値から逸脱しているかどうかを決定する頻度主義的な検定.

一様事前分布（uniform prior）…… 未知数のとりうる値全体で定義された一様分布. それぞれの値は等しい重みをもつことを表す.

ウィシャート分布（Wishart distribution）…… 半正定値行列についての確率分布.

親変数（parent variable）…… 他の変数に影響を与える変数.「子変数」を参照.

確率的変数（stochastic variable）…… 親変数の値が既知だとしても, 値がランダムになる変数.「決定的変数」を参照.

軌跡（traces）…… MCMC（マルコフ連鎖モンテカルロ）によって事後分布から得られた一連のサンプル.

期待日次リターン（expected daily return）…… ある日における投資額に対するリターンの相対変化量の期待値.

期待リグレット（expected total regret）…… 多腕バンディット問題の平均的な全リグレット. 多腕バンディットアルゴリズムを何度も実行して平均をとることで得られる.

客観的な事前分布（objective prior）…… 事後分布への影響力を, データに対して最大限与えたいときに使われる事前分布.「一様事前分布」と「主観的事後分布」を参照.

経験ベイズ（empirical Bayes）…… 頻度主義とベイズ主義の推論を組み合わせるトリック. 頻度主義の方法を使ってベイズ手法のハイパーパラメータを選択し, それを使ってベイズ手法で問題を解く.

決定的変数（deterministic variable）…… その変数の親変数の値が既知の場合に値が一意に定まる変数. 確率的変数を参照.

子変数（child variable）…… 他の変数に影響される変数.「親変数」を参照.

混合確率変数（mixed random variable）…… 離散と連続のどちらの確率変数にも確率を与える変数.「連続確率変数」と「離散確率変数」を参照.

事後確率（posterior probability）…… 証拠 X が与えられたもとでの事象 A についての更新された信念を表す確率. $P(A|X)$ と書く.「事前分布」を参照.

自己相関（autocorrelation）…… データ系列がそれ自身にどれだけ似ているかを表す指標. 1（完全な正の相関）から -1（完全な負の相関）の値をとる.

用語集

事前確率（prior probability）…… 事象 A についての証拠が得られる前の，事象 A についての信念．$P(A)$ と書く．「事後確率」を参照．

主観的事後分布（subjective prior）…… 専門家の考えを取り入れた事前分布．「客観的事前分布」を参照．

スパース予測（sparse prediction）…… 値が 0（スパース）になりやすくしたベイズ点推定．

絶対損失（absolute-loss function）…… 差の絶対値に比例して増加する損失関数で，機械学習やロバスト統計に用いられる．「損失関数」を参照．

セパレーションプロット（separation plot）…… モデルどうしをグラフィカルに比較するためのデータ可視化手法．

損失関数（loss function）…… 真値に対して現在の推定値がどれだけ悪いのかを測る関数．

適合度（goodness of fit）…… 観測データに対して統計モデルがどれだけよく当てはまっているかの指標．

二乗誤差損失（squared-error loss function）…… 差の二乗に比例して増加する損失関数．線形回帰，不偏推定，機械学習などに用いられる．「損失関数」を参照．

日次リターン（daily return）…… ある日における投資額に対するリターンの相対変化量．

二値問題（binary problem）…… どちらが良いかを判断する問題（出力が二値）．「連続問題」を参照．

頻度主義（frequentism）…… 長期間の事象の頻度として確率を定義する，統計学の古典的なパラダイム．

平均事後相関行列（mean posterior correlation matrix）…… 事後分布の相関行列の要素ごとの期待値．事後分布からのサンプルに対して平均をとることで計算できる．

ベイズ主義（Bayesianism）…… 確率を，事象が発生する信念や確信度の指標とみなす統計的なパラダイム．

ベイズ的 p 値（Bayesian p-values）…… 頻度主義の p 値に相当する，モデルの要約統計量．

ベイズ点推定（Bayesian point estimate）…… 事後分布を要約する数値を，何らかの関数で出力したもの．

ベータ分布（Beta distribution）…… 0 から 1 までの実数値をとる確率分布．確率や比率をモデリングするためによく用いられる．

ベルヌーイ分布（Bernoulli distribution）…… 0 か 1 をとる確率分布．

無差別原理（principle of indifference）…… n 個のアイテムから，それらを区別できない状態で一つ選ぶとき，それぞれが選ばれる確率は $1/n$ になる，という考え方．

離散確率変数（discrete random variable）…… 決められた離散値をとる変数（映画レビューの星の数など）．「連続確率変数」と「混合確率変数」を参照．

連続確率変数（continuous random variable）……任意の実数値をとる変数（温度や速度など）．「離散確率分布」と「混合確率分布」を参照．

連続問題（continuous problem）……あるものが他のものより「どれくらい」良いかを判断する問題（出力が連続値）．「二値問題」を参照．

欧文索引

95% credible interval（95%信用区間） 72
95% least plausible value（95%信用下限） 136

A/B test（A/B テスト） 46, 221
absolute-loss（絶対損失） 145
accuracy（精度） 144
arm（アーム） 186
autocorrelation（自己相関） 110

bandit（バンディット） 186
Bayes action（ベイズ行動） 155
Bayes' rule（ベイズ則） 6
Bayes' theorem（ベイズの定理） 6
Bayesian（ベイジアン） 1
Bayesian（ベイズ主義） 2
Bayesian A/B test（ベイズ A/B テスト） 221
Bayesian bandits（ベイズバンディット） 187
Bayesian inference（ベイズ推論） 1
Bayesian p-values（ベイズ的 p 値） 77
Bayesian point estimate（ベイズ点推定） 147
belief（信念） 2
Bernoulli distribution（ベルヌーイ分布） 48
beta distribution（ベータ分布） 184
big data（ビッグデータ） 6, 129
binomial distribution（二項分布） 55
burn in（バーンイン） 99, 109

Challenger（チャレンジャー号） 63
cheating（カンニング） 57
child variable（子変数） 34
cluster（クラスタ） 95
clustering（クラスタリング） 94

coin flipping（コイン投げ） 6
confidence（確信） 2
confidence interval（信頼区間） 73
conjugate prior（共役事前分布） 211
convergence（収束） 108, 121
conversion（コンバージョン） 47, 221
correlation（相関） 110
credible interval（信用区間） 72
cross entropy loss（交差エントロピー損失） 146
cumulative distribution function（累積分布関数） 141
curse of dimensionality（次元の呪い） 91

Daft 42
daily return（日次リターン） 201
dark matter（暗黒物質，ダークマター） 163
decorator（デコレータ） 19
deterministic（決定的） 19
deterministic decorator（deterministic デコレータ） 38
deterministic variable（deterministic 変数，決定的変数） 36
Dirichlet distribution（ディリクレ分布） 226
domain knowledge（ドメイン知識） 199
downvote 130

empirical Bayes（経験ベイズ） 181
event（イベント，事象） 2
evidence（証拠） 3, 5
expectation（期待値） 11
expected loss（期待損失） 147
expected total regret（期待リグレット） 194
exponential distribution（指数分布） 13

Frequentist（頻度主義） 2

gamma distribution（ガンマ分布） 182
goodness of fit（適合度） 74

halo（ハロー） 163
hypothesis test（仮説検定） 47

immutable（変更不可） 40
indicator function（指示関数） 123
informative prior（情報を含む事前分布） 178

Kaggle 127, 163

lambda function（ラムダ関数） 63
Laplace approximation（ラプラス近似） 93
Laplace distribution（ラプラス分布） 218
LASSO 216
law of large numbers（大数の法則） 92, 118
lift（リフト値） 236
likelihood（尤度） 217
log-likelihood（対数尤度） 217
log-loss（対数損失） 145
logistic function（ロジスティック関数） 65
loss function（損失関数） 144

MAP → maximum a posterior
Markov chain Monte Carlo（マルコフ連鎖モンテカルロ法） 20, 85
maximum a posterior（事後確率最大） 108
MCMC → Markov chain Monte Carlo
medium data（ミディアムなサイズのデータ） 6
memorylessness（無記憶性） 93
multi-armed bandits（多腕バンディット） 186
multinomial distribution（多項分布） 225

normal distribution（正規分布） 67

O ring（O リング） 63

optimization problem（最適化問題） 109

p-value（p 値） 47
parent variable（親変数） 34
penalized least-squares regression（罰則付き最小二乗回帰） 216
point estimates（点推定） 124
Poisson distribution（ポアソン分布） 11
posterior distribution（事後分布） 88
posterior probability（事後確率） 3
Powell's method（Powell の手法） 109
principle of indifference（無差別原理） 177
prior（事前知識） 4
prior distribution（事前分布） 88, 117, 177
prior probability（事前確率） 3
privacy algorithm（プライバシーアルゴリズム） 57
probabilistic programming（確率的プログラミング） 18
probability density distribution function（確率密度分布関数） 13
probability distribution（確率分布） 10
probability distribution function（確率分布関数） 10
probability mass function（確率質量関数） 11
PyMC 18
PyMC variable（PyMC 変数） 35

random variable（確率変数） 10
rating（レーティング） 129
Reddit 130
regret（リグレット） 192
ridge regression（リッジ回帰） 216
risk（リスク） 148

search（探索） 91
separation plot（セパレーションプロット） 77
slot machine（スロットマシン） 186
small data（スモールデータ） 6, 129
space shuttle（スペースシャトル） 63
sparse prediction（スパース予測） 162
squared-error loss（二乗誤差損失） 145
starting value（初期値） 116

stochastic variable（stochastic 変数，確率的変数） 19, 36
switchpoint（変化点） 16

t-test（t 検定） 231
thinning（間引き） 113
total regret（全リグレット） 192
trace（軌跡） 20, 92
trial roulette method（ルーレット法） 200

uniform distribution（一様分布） 17
uninformative prior（無情報事前分布） 217

unsupervised（教師なし） 94
upvote 130

variational Bayes（変分ベイズ） 93

white noise（白色ノイズ） 111
Wishart distribution（ウィシャート分布） 183

Z-score（Z スコア） 47
zero-one loss（0-1 損失） 145

和文索引

◆英数字

0-1 損失 (zero-one loss) 145
95％信用下限 (95% least plausible value) 135
95％信用区間 (95% credible interval) 72
A/B テスト (A/B test) 46, 221
Daft 42
deterministic デコレータ (deterministic decorator) 38
deterministic 変数 (deterministic variable) 36
downvote 130
Kaggle 127, 163
LASSO 216
MAP 108
MCMC 20, 85
O リング (O ring) 63
Powell の手法 (Powell's method) 109
PyMC 18
PyMC 変数 (PyMC variable) 35
p 値 (p-value) 47
Reddit 130
stochastic 変数 (stochastic variable) 19, 36
t 検定 (t-test) 231
upvote 130
Z スコア (Z-score) 47

◆あ行

アーム (arm) 186
暗黒物質 (dark matter) 163
一様分布 (uniform distribution) 17
イベント (event) 2
ウィシャート分布 (Wishart distribution) 183
親変数 (parent variable) 34

◆か行

確信 (confidence) 2
確率質量関数 (probability mass function) 11
確率的プログラミング (probabilistic programming) 18
確率的変数 (stochastic variable) 19, 36
確率分布 (probability distribution) 10
確率分布関数 (probability distribution function) 10
確率変数 (random variable) 10
確率密度分布関数 (probability density distribution function) 13
仮説検定 (hypothesis test) 47
カンニング (cheating) 57
ガンマ分布 (gamma distribution) 182
軌跡 (trace) 20, 92
期待損失 (expected loss) 147
期待値 (expectation) 11
期待リグレット (expected total regret) 194
教師なし (unsupervised) 94
共役事前分布 (conjugate prior) 211
クラスタ (cluster) 95
クラスタリング (clustering) 94
経験ベイズ (empirical Bayes) 181
決定的 (deterministic) 19
決定的変数 (deterministic variable) 36
コイン投げ (coin flipping) 6
交差エントロピー損失 (cross entropy loss) 146
子変数 (child variable) 34
コンバージョン (conversion) 47, 221

◆さ行

最適化問題 (optimization problem) 109
次元の呪い (curse of dimensionality) 91
事後確率 (posterior probability) 3

事後確率最大（maximum a posterior）　108
自己相関（autocorrelation）　110
事後分布（posterior distribution）　88
指示関数（indicator function）　123
事象（event）　2
指数分布（exponential distribution）　13
事前確率（prior probability）　3
事前知識（prior）　4
事前分布（prior distribution）　88, 117, 177
収束（convergence）　108, 121
証拠（evidence）　3, 5
情報を含む事前分布（informative prior）　178
初期値（starting value）　116
信念（belief）　2
信用区間（credible interval）　72
信頼区間（confidence interval）　73
スパース予測（sparse prediction）　162
スペースシャトル（space shuttle）　63
スモールデータ（small data）　6, 129
スロットマシン（slot machine）　186
正規分布（normal distribution）　67
精度（accuracy）　144
絶対損失（absolute-loss）　145
セパレーションプロット（separation plot）　77
全リグレット（total regret）　192
相関（correlation）　110
損失関数（loss function）　144

◆た行
対数損失（log-loss）　145
大数の法則（law of large numbers）　92, 118
対数尤度（log-likelihood）　217
ダークマター（dark matter）　163
多項分布（multinomial distribution）　225
多腕バンディット（multi-armed bandits）　186
探索（search）　91
チャレンジャー号（Challenger）　63
ディリクレ分布（Dirichlet distribution）　226
適合度（goodness of fit）　74
デコレータ（decorator）　19
点推定（point estimates）　124

ドメイン知識（domain knowledge）　199

◆な行
二項分布（binomial distribution）　55
二乗誤差損失（squared-error loss）　145
日次リターン（daily return）　201

◆は行
白色ノイズ（white noise）　111
罰則付き最小二乗回帰（penalized least-squares regression）　216
ハロー（halo）　163
バーンイン（burn in）　99, 109
バンディット（bandit）　186
ビッグデータ（big data）　6, 129
頻度主義（Frequentist）　2
プライバシーアルゴリズム（privacy algorithm）　57
ベイジアン（Bayesian）　1
ベイズA/Bテスト（Bayesian A/B test）　221
ベイズ行動（Bayes action）　155
ベイズ主義（Bayesian）　2
ベイズ推論（Bayesian inference）　1
ベイズ則（Bayes' rule）　6
ベイズ的p値（Bayesian p-values）　77
ベイズ点推定（Bayesian point estimate）　147
ベイズの定理（Bayes' theorem）　6
ベイズバンディット（Bayesian bandits）　187
ベータ分布（beta distribution）　184
ベルヌーイ分布（Bernoulli distribution）　48
変化点（switchpoint）　16
変更不可（immutable）　40
変分ベイズ（variational Bayes）　93
ポアソン分布（Poisson distribution）　11

◆ま行
間引き（thinning）　113
マルコフ連鎖モンテカルロ法（Markov chain Monte Carlo）　20, 85
ミディアムなサイズのデータ（medium data）　6

無記憶性（memorylessness） 93
無差別原理（principle of indifference） 177
無情報事前分布（uninformative prior） 217

◆や行
尤度（likelihood） 217

◆ら行
ラプラス近似（Laplace approximation） 93

ラプラス分布（Laplace distribution） 218
ラムダ関数（lambda function） 63
リグレット（regret） 192
リスク（risk） 148
リッジ回帰（ridge regression） 216
リフト値（lift） 236
累積分布関数（cumulative distribution function） 141
ルーレット法（trial roulette method） 200
レーティング（rating） 129
ロジスティック関数（logistic function） 65

著者紹介

キャメロン・デビッドソン=ピロン（Cameron Davidson-Pilon）

応用数学を専門とし，扱う分野は遺伝子や病気の進化的ダイナミクスから金融商品価格の確率モデリングまで多岐にわたる．彼は，本書（のオンラインバージョン）と，生存時間解析 Python ライブラリ "lifelines" の開発を通して，オープンソースコミュニティに貢献してきた．彼はカナダのオンタリオ州ゲルフで育ち，ウォータールー大学とモスクワ自由大学で学んだ．現在はカナダのオンタリオ州オタワ在住，e コマースプラットフォームを提供する企業 Shopify に勤務．

訳者紹介

玉木　徹（たまき・とおる）

2001 年　名古屋大学大学院工学研究科博士課程後期課程修了
2001 年　新潟大学工学部助手
2003 年　新潟大学自然科学研究科助手
2005 年　広島大学大学院工学研究院准教授
　　　　博士（工学）
著訳書：『コンピュータビジョン――アルゴリズムと応用』（共訳，共立出版，2013）
　　　　『統計的学習の基礎――データマイニング・推論・予測』（共訳，共立出版，2014）
　　　　『スパースモデリング』（訳，共立出版，2016）

編集担当	丸山隆一・宮地亮介(森北出版)	
編集責任	上村紗帆・石田昇司(森北出版)	
組　版	藤原印刷	
印　刷	同	
製　本	同	

Pythonで体験するベイズ推論
——PyMCによるMCMC入門——　　　　　　　　　　版権取得　2016

2017年4月11日　第1版第1刷発行　【本書の無断転載を禁ず】
2018年5月31日　第1版第5刷発行

訳　　者　玉木徹
発 行 者　森北博巳
発 行 所　森北出版株式会社
　　　　　東京都千代田区富士見1-4-11（〒102-0071）
　　　　　電話 03-3265-8341／FAX 03-3264-8709
　　　　　http://www.morikita.co.jp/
　　　　　日本書籍出版協会・自然科学書協会　会員
　　　　　JCOPY ＜(社)出版者著作権管理機構 委託出版物＞

落丁・乱丁本はお取替えいたします．
Printed in Japan／ISBN978-4-627-07791-1

MEMO

MEMO

MEMO

MEMO